我的天然甜點全書
70道少糖更美味糕餅・塔派・點心・果醬，
善用新鮮好食材，烘焙滿滿大自然風味

作　　　者	UNA's Kitchen 李恩雅
譯　　　者	林芳伃
主　　編	曹　慧
美術設計	比比司設計工作室
社　　長	郭重興
發行人兼 出版總監	曾大福
總 編 輯	曹　慧
編輯出版	奇光出版 E-mail: lumieres@bookrep.com.tw 部落格：http://lumieresino.pixnet.net/blog 粉絲團：https://www.facebook.com/lumierespublishing
發　　行	遠足文化事業股份有限公司 http://www.bookrep.com.tw 23141新北市新店區民權路108-4號8樓 客服專線：0800-221029　傳真：（02）86671065 郵撥帳號：19504465　戶名：遠足文化事業股份有限公司
法律顧問	華洋法律事務所　蘇文生律師
印　　製	成陽印刷股份有限公司
初版一刷	2016年12月
初版二刷	2017年3月20日
定　　價	420元

版權所有・翻印必究・缺頁或破損請寄回更換

설탕은 적게, 자연재료로 굽는 내추럴 베이킹북 by Una Lee
Copyright © 2014 by Una Lee
All rights reserved.
Chinese complex translation copyright © Lumières Publishing,
a division of Walkers Cultural Enterprises, Ltd., 2016
Published by a rrangement with VOOZFIRM
through LEE's Literary Agency

國家圖書館出版品預行編目（CIP）資料

我的天然甜點全書：70道少糖更美味糕餅・塔派・
點心・果醬，善用新鮮好食材，烘焙滿滿大自然風
味/李恩雅著；林芳伃譯. -- 初版. -- 新北市：奇光
出版：遠足文化發行, 2016.12
面；　公分
ISBN 978-986-93688-2-7(平裝)
1.點心食譜
427.16　　　　　　　　　　　　105019370

線上讀者回函

Contents

序言：出版天然烘焙書 ⋯⋯ 009

Part 0　烘焙前的準備工作

* 烘焙必備的基本工具 ⋯⋯ 012
* 本書使用的烘焙模具 ⋯⋯ 015
* 本書使用的天然食材 ⋯⋯ 017
* 正確使用烤箱的方法 ⋯⋯ 020
* 正確使用料理秤的方法 ⋯⋯ 021
* 奶油的事前準備工作：打發鮮奶油和蛋白 ⋯⋯ 022
* 烘焙必知的基本用語 ⋯⋯ 025
* 常見的烘焙問題與解決方法 ⋯⋯ 026

Part 1
專為你設計的健康蛋糕

1-1 蜜桃千層蛋糕 ⋯⋯ 030

1-2 櫻桃杏仁蛋糕 ⋯⋯ 034

1-3 檸檬藍莓蛋糕 ⋯⋯ 038

1-4 花園蛋糕 ⋯⋯ 042

1-5 酪梨乳酪蛋糕 ⋯⋯ 026

1-6 白酒乳酪蛋糕 ⋯⋯ 050

1-7 蒙布朗蛋糕 ⋯⋯ 054

1-8 青蘋果蛋糕 ⋯⋯ 060

1-9 核桃楓糖戚風蛋糕 ⋯⋯ 066

1-10 卡蒙貝爾乳酪蛋糕 ⋯⋯ 070

1-11 紅 柿迷你蛋糕 ⋯⋯ 074

Part 2 美得像畫一樣的派&塔

- 2-1 藍莓馬斯卡邦乳酪派 ……… 080
- 2-2 無花果卡士達派 ……… 084
- 2-3 馬賽克蘋果派 ……… 088
- 2-4 恩加丁核桃派 ……… 092
- 2-5 柳橙酥粒塔 ……… 096
- 2-6 蘋果派 ……… 100
- 2-7 番茄大蒜鹹派 ……… 104
- 2-8 法式生巧克力塔 ……… 108
- 2-9 水蜜桃派 ……… 112

Part 3 適合當早午餐的司康&法式烘餅

- 3-1 蘋果切達乳酪司康 ……… 120
- 3-2 優格燕麥馬芬 ……… 123
- 3-3 自製瑞可塔乳酪 ……… 126
- 3-4 櫻桃瑞可塔乳酪司康 ……… 128
- 3-5 無花果瑞可塔乳酪法式烘餅 ……… 130
- 3-6 節瓜法式烘餅 ……… 134
- 3-7 香蕉穀麥脆片 ……… 138
- 3-8 法式鹹蛋糕 ……… 140
- 3-9 黑芝麻杯子蛋糕 ……… 144

Part 4 傳遞心意的餅乾&小點心

- 4-1 核桃芝麻糖 ……… 150
- 4-2 花生醬餅乾 ……… 152
- 4-3 香草餅乾 ……… 154
- 4-4 燕麥蕾絲脆餅 ……… 156
- 4-5 燕麥脆餅 ……… 158
- 4-6 無花果核桃義大利脆餅 ……… 160
- 4-7 培根胡椒餅乾 ……… 162
- 4-8 椰子蛋白糖霜脆條 ……… 164
- 4-9 餅乾包裝DIY ……… 166

Part 5　午茶時光的甜點

- 5-1　君度橙酒巧克力蛋糕 …… 172
- 5-2　檸檬椰子蛋糕條 …… 176
- 5-3　覆盆子磅蛋糕 …… 180
- 5-4　黑啤酒杯子蛋糕 …… 184
- 5-5　開心果費南雪 …… 188
- 5-6　焦糖堅果磅蛋糕 …… 190
- 5-7　藍莓乳酪杯子蛋糕 …… 194
- 5-8　蘋果肉桂酥粒餅乾 …… 198
- 5-9　檸檬閃電泡芙 …… 202
- 5-10　巧克力菠蘿泡芙 …… 206
- 5-11　紅茶牛奶糖 …… 210
- 5-12　豆香牛奶糖 …… 212

Part 6　蘊含大自然風味的馬卡龍

- ＊馬卡龍的4種主要材料和色素 …… 216
- ＊製作馬卡龍前的step1, 2, 3, 4 …… 217
- ＊製作義式蛋白霜餅 …… 218
- ＊製作法式蛋白霜餅 …… 221
- ＊製作基本奶油餡和基本乳酪餡 …… 223
- 6-1　豆粉馬卡龍 …… 225
- 6-2　柿餅松子馬卡龍 …… 228
- 6-3　黑芝麻馬卡龍 …… 231
- 6-4　荏胡麻葉馬卡龍 …… 236
- 6-5　大蒜馬卡龍 …… 240
- 6-6　山葵馬卡龍 …… 244
- 6-7　紅葡萄柚馬卡龍 …… 248
- 6-8　漢拏峰橘馬卡龍 …… 252
- 6-9　白葡萄馬卡龍 …… 256
- 6-10　青橘馬卡龍 …… 260
- 6-11　海鹽焦糖馬卡龍 …… 263

Part 7　盛裝在罐子裡的天然果醬

- ＊製作果醬前的準備工作 …… 268
- 7-1　無花果果醬 …… 270
- 7-2　水蜜桃果醬 …… 272
- 7-3　濟州漢拏峰橘子果醬 …… 274
- 7-4　蜂蜜漬青橘片 …… 276
- 7-5　紅葡萄柚果醬 …… 278
- 7-6　紫洋蔥抹醬 …… 280
- 7-7　花生抹醬 …… 282
- 7-8　紅茶拿鐵抹醬 …… 284
- 7-9　白酒鮮奶酪 …… 286

序言
出版天然烘焙書…

時光飛逝，我踏入烘焙界至今已經十多年。對於現在的我來說，烘焙最重要的不是多麼高級的工具，或是多麼華麗的技術，而是使用「好的食材」。

還記得2012年秋天「UNA's Kitchen」開幕時，我收到某個農場送來的尚未完全成熟的紅柿。我耐心等待紅柿完全成熟後，花了一整個月的時間研發柿子口味的蛋糕，反覆修正食譜，那次的經驗讓我好好摸透柿子這種水果。

過去的我只顧著做出好吃的甜點，對於食材卻沒有充分的認識及理解。那次大概是我第一次那麼專注地了解我所使用的食材吧！

我了解食材的重要性後，研發食譜時，呈現食材本身的味道和香氣就成為我的信念及哲學。

評斷味道的好壞其實很主觀，同樣的東西，有人覺得很好吃，有人卻不喜歡。但是有一點是誰都不能否認的事實，那就是唯有使用好的食材，才能製作出健康又美味的甜點。

本書收錄的食譜，有我累積多年教授烘焙課程的經驗以及和學生交流互動的心得，並實踐了我對甜點的信念與哲學──「使用最少量的砂糖，呈現天然食材本身的美味」。

我花了許久時間編寫這本食譜，希望透過本書，有更多人能夠善用生活周遭容易取得的新鮮天然食材，並在充分了解食材後，開發更多好吃又健康的烘焙甜點。寫作過程中，身為甜點師的我也有很多收穫，在研發書中食譜的同時，不僅重新檢視了我過去所學的烘焙知識，自己也更成長精進。

非常感謝創作此書和拍攝食譜照片時，幫助我很多的家人和朋友們，以及UNA's Kitchen的趙文瑩老師及學生們。

未來我會繼續以最真誠的心製作健康又好吃的甜點，與更多人分享。

UNA's Kitchen　李恩雅

Part 0
Preparation

BEFORE BAKING

烘焙前的準備工作

烘焙必備的基本工具

1. 調理盆

烘焙基本工具之一。挑選時，請依據食材的份量，選擇幾個不同尺寸的調理盆。會發泡或膨脹的食材，請用較深的調理盆。每次使用後，一定要徹底洗淨並晾乾，避免孳生細菌。

2. 橡皮刮刀

用來攪拌麵糊或麵團。選購時，一體成型的橡皮刮刀優於分離式的橡皮刮刀；材質則可選擇耐熱性高的矽膠刮刀。

3. 手持式電動打蛋器

用來攪拌較大量食材或是打發蛋液或鮮奶油。可以在短時間內，將空氣打入蛋液或鮮奶油中，變成膨鬆的細密泡沫。

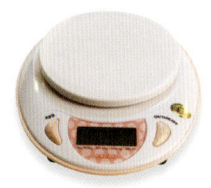

4. 料理秤

用來準確秤量食材。使用可秤公克（g）和公斤（kg）單位的電子料理秤，能更精確秤好所需的食材。每次秤重前，請先確認料理秤已經歸零，再開始秤重。收納料理秤時，請留意勿將重物堆疊在料理秤上，以免秤重感應零件故障，影響秤量的精準度。

5. 刷子

用來塗刷蛋液或糖漿。依據材質大致可分為天然毛料刷及矽膠刷兩種，建議選用矽膠刷，優點是不會掉毛、好清洗，又耐高溫。塗刷不同食材時，請勿使用同一隻刷子，避免刷子上殘留的食材混雜在一起。為了避免刷子間隙中殘留油脂或醬料而導致細菌孳生，請定期用熱水燙洗、消毒，並確實晾乾再收納。

6. 擀麵棍&麵團發酵布

木製擀麵棍使用後，請立即洗淨並晾乾。麵團發酵布的材質大多是棉帆布，因為要做出布稜，將麵團隔開，整型發酵，所以會比一般醒麵布厚，也較不易沾黏。麵團發酵布使用後，先用刮板刮除殘留在布上的麵團，用天然洗劑洗淨，再以熱水燙洗後，徹底晾乾，避免孳生細菌。

012　Natural Baking Book

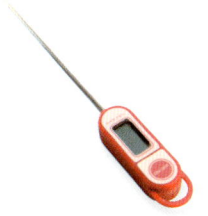

7. 打蛋器

用來攪拌蛋液或鮮奶油。材質以不鏽鋼為佳。使用完畢，每一根攪拌條都要徹底洗淨並晾乾，若未清洗乾淨而殘留油脂，打蛋白霜時會無法成功變成膨鬆泡沫。

8. 溫度計

製作義式蛋白霜或調溫巧克力時用。烘焙中，較常使用的是將感應棒插入食材中顯示溫度的電子溫度計，另外也有不必碰觸食材就能感應溫度的紅外線溫度計。

9. 蛋糕裝飾轉盤

裝飾蛋糕時，使蛋糕能夠旋轉的工具。蛋糕基底一定要放置在轉盤正中央，再開始裝飾。選用底部有防滑功能的轉盤，操作時能更加穩固。

10. 麵粉篩

用來過篩粉類食材。粉類食材預先過篩，可以過濾出藏在粉類中的異物，並增加粉類顆粒接觸空氣的表面積，使其蓬鬆不易結塊。不同粉類食材一起過篩，可充分混和均勻。

11. 蛋糕抹刀

塗抹鮮奶油霜用。依照形狀，可分為一字形的直柄蛋糕抹刀和L形的曲柄蛋糕抹刀兩種。

12. 齒狀餅乾壓模

製作壓模餅乾用，可以將麵團裁切成同樣的形狀和大小。齒狀餅乾壓模也可用來切割迷你塔皮。

烘焙必備的基本工具 | 013

13. 擠花袋

填充麵糊或餡料用。塑膠擠花袋在清洗時較方便，若需要有耐熱功能或是填充的麵糊份量較多時，則建議使用布製的擠花袋為佳。

14. 手持式電動調理機

用來攪碎堅果類及攪拌馬卡龍糖霜中的粉類食材。因為要攪碎堅硬的堅果，選擇刀刃鋒利、堅韌的調理機為佳。

15. 烤箱

本書中標示的食譜烘烤時間及溫度是以SMEG烤箱（旋風式）為基準，使用不同的烤箱時，所需的烘烤時間及溫度可能會有些微差距。

16. 矽膠烘焙墊

鋪在烤盤內的墊子，可防止麵團沾黏在烤盤上，表面光滑且耐高溫，可重複使用。

17. 麵包刀

切麵包或蛋糕基底用。因為要切蛋糕基底，所以長度以20～30cm為佳。

18. 塑膠刮板

用來拌揉麵團或分割麵團。塑膠刮板的形狀有半圓形也有四角形。

19. 銅鍋

製作果醬和牛奶糖時用的工具。銅鍋和一般鍋子相比，熱傳導速度快，受熱更平均。用食用醋和鹽清洗銅鍋，可保持銅鍋的光澤。

20. 重石（烘焙用）

烘烤派皮或塔皮時的工具，若沒有重石，也可以使用各類豆子替代。派皮壓入派盤後，鋪一張烘焙紙，再將重石填滿整個派盤，放入烤箱中烘烤，可防止派皮在烘烤中膨起。

21. 擠花嘴

填入擠花袋的麵糊或餡料變化成各種形狀的工具。常見的擠花嘴有圓形擠花嘴、星形擠花嘴、花瓣擠花嘴、蒙布朗擠花嘴，此外還有各種形狀及大小的擠花嘴，擠出來的形狀也各有不同，可依個人喜好及需求選購。

014　　*Natural Baking Book*

本書使用的烘焙模具

1. 派盤

（直徑20cm，高2cm）

· 藍莓馬斯卡邦乳酪派
· 恩加丁核桃派

2. 圓形慕斯圈

（直徑15cm，高2.6cm）

· 無花果卡士達派
· 水蜜桃派

3. 圓形慕斯圈

（直徑10cm，高2.5cm）

· 法式生巧克力塔

4. 塔模

（直徑8cm，高1.5cm）

· 柳橙酥粒塔

5. 12連馬芬蛋糕模

（每格底部直徑5.5cm，高4.5cm）

· 番茄蒜頭鹹派
· 優格燕麥馬芬
· 黑芝麻杯子蛋糕
· 黑啤酒杯子蛋糕

6. 20連迷你馬芬蛋糕模

（每格底部直徑4cm，高2cm）

· 君度橙酒巧克力蛋糕
· 藍莓乳酪杯子蛋糕

7. 方形慕斯圈

（18x18x4.5cm）

· 核桃芝麻糖

8. 方形慕斯圈

（15x15x4.5cm）

· 檸檬椰子蛋糕條
· 酪梨乳酪蛋糕

9. 方形慕斯圈

（12x12x4.5cm）

· 紅茶牛奶糖
· 豆香牛奶糖

10. 長方形蛋糕模

（23x4.5x6cm）

· 覆盆子磅蛋糕

11. 9連費南雪矽膠蛋糕模

· 開心果費南雪

12. 圓形蛋糕模

（直徑18cm，高4.5cm）

· 櫻桃杏仁蛋糕
· 檸檬藍莓蛋糕

13. 圓形蛋糕模

（直徑15cm，高4.5cm）

· 蒙布朗
· 青蘋果蛋糕

14. 圓形慕斯圈

（直徑18cm，高5cm）

· 花園蛋糕
· 白酒乳酪蛋糕

15. 戚風蛋糕模

（底部直徑17cm，高8cm）

· 核桃楓糖戚風蛋糕

16. 矽膠圓形杯烤盤

（每格底部直徑7cm，高2.5cm）

· 卡蒙貝爾乳酪蛋糕

17. 矽膠甜甜圈烤盤

（每格底部直徑6cm，高2cm）

· 紅柿迷你蛋糕

18. 長方形蛋糕模

（4.5x12x4.5cm）

· 法式鹹蛋糕
· 焦糖堅果磅蛋糕

本書使用的天然食材

1. 全麥麵粉

小麥去除不能吃的麥穗殼後,直接研磨成麵粉,保留了小麥中具有營養價值的麩皮、胚芽等成分。雖然使用全麥麵粉製作的成品色澤較差,但是含有豐富的纖維質、維他命、礦物質、酵素等營養素。

2. 鹽之花

生產自法國西南方蓋朗德(Guérande)純淨海域的頂級海鹽,其結晶會漂浮在鹽田表面,閃耀著白色光芒,如花朵一般,因此稱為「鹽之花」。

3. 黑糖(未精製糖)

不將糖蜜從原糖中分離的未精製砂糖,保留了蔗糖原有礦物質及各種營養成分。與精製過的白糖相比,甜度較低,色澤較深。

4. 楓糖

收集楓樹樹液後,濃縮製成的糖漿。用於烘焙中,可使成品增加甜味及楓糖的特殊香氣。

5. 鮮奶油

牛奶經離心機處理後,因物質比重不同所以能分離出富含乳脂肪的鮮奶油。含脂量達到18%以上即可稱為鮮奶油。

6. 奶油

分為加鹽奶油和不加鹽的無鹽奶油,以及添加乳酸菌的發酵奶油。烘焙中較常使用的是無鹽奶油及發酵奶油。

7. 葡萄籽油

從葡萄籽中萃取的油脂,含有豐富的不飽和脂肪酸,沒有強烈的香氣,發煙點高,適合用來烘焙。

18. 燕麥片(rolled oats)

燕麥壓扁製成的穀物,顆粒較粗,色澤呈淺黃色,含有豐富的膳食纖維。

9. 桃子

味道甜中帶微酸,主要成分為水分和糖分,盛產季為6〜8月,依據果肉顏色可大致分為白桃及黃桃兩種。

10. 檸檬

含有豐富維他命C和檸檬酸，所以具有強烈酸味，盛產於日照量充足的區域。

11. 覆盆子

主要產地位於歐洲及北美洲，盛產季為9～10月。

12. 藍莓

美國《時代》雜誌選為十大超級食物。

13. 酪梨

世界上營養價值最高的水果之一，果肉像奶油般柔軟滑順，呈現黃綠色澤，具有獨特香氣。

14. 栗子

盛產季節為8月下旬～10月中旬。台灣產的栗子和西洋栗子相比，肉質鬆綿，甜度也較高，是相當優秀的品種。

15. 青蘋果

特點是果皮呈綠色時，口感最為爽脆，繼續成熟的話，果皮顏色會變成淡紅色。

16. 紅柿

盛產於日照量充足且日夜溫差大的區域，產季為10～11月。

17. 無花果

主要產地為地中海沿岸，台灣也有栽種新鮮無花果，一年四季都是產期。

18. 蘋果

每年12月是蘋果盛產期，這段時間採收的種類及產量都最為豐富，也最好吃。常見的蘋果有五爪、富士、紅玉等品種。

19. 柿乾

柿子去皮後切塊、晾乾，製成柿乾。

20. 松子

松科植物的種子，又名松仁。具高營養價值，可預防心血管疾病。台灣雖有松樹，但非食用松子產地，多為進口。

21. 花生

與核桃及杏仁為烘焙中最常使用的堅果類，盛產期為9月底至10月。

22. 黑芝麻

黑芝麻是眾所周知的健康食材，可以直接加入甜點，也可以先研磨成芝麻醬再拌入餅乾、馬芬或馬卡龍的麵團或麵糊中使用。

23. 白芝麻

主要成分為油脂和蛋白質，這兩項再加上碳水化合物即為人體所需的三大營養素。烘焙中，白芝麻較常用來製作芝麻糖、餅乾、瓦片餅乾、栗子燒等。

24. 香草莢

使用天然的香草莢，將香草籽添加在烘焙點心中，可以散發出香草特有的圓潤柔和香氣。品種以波本種最好，香草莢的味道則依據產地的環境及氣候條件不同，風味也各有特色，例如中美洲的香草莢會帶有些微酸氣。

25. 荏胡麻葉

要挑選好的荏胡麻葉，首先莖的部位要新鮮，呈草綠色，表面有點粗糙，充滿短小細毛，葉緣整齊沒有破損或枯萎。

26. 紅葡萄柚

果汁含量豐富，同時具有酸味、甜味及苦味。具有豐富的維他命C，能幫助預防感冒、恢復疲勞、緩解宿醉症狀，經常用來調製飲料。

27. 青橘

8～9月時，橘子在果樹上尚未完全成熟，橘子表皮還是綠色時就採下的橘子，稱為青橘。青橘較少直接食用，大多加入茶類飲品或料理中，增添柑橘的果酸味。

28. 漢拏峰橘

濟州島西歸浦市的特產，可以剝皮後直接食用，也可以製作漢拏峰橘茶、漢拏峰橘子果醬等加工食品。果汁含量多，甜度也高，很適合用於烘焙甜點。

29. 紫洋蔥

和一般洋蔥相比，紫洋蔥的鈣含量較高，外皮硬，辛辣感及嗆味較小，但較不容易儲存，盛產期為7～9月，原產地在中亞或西亞。

30. 台灣花生

台灣花生的產地主要在雲林，占全國70%，一年可收成兩次。不需要拌炒調味，直接吃就非常美味。

正確使用烤箱的方法

1. 本書中使用的烤箱為旋風式烤箱。

旋風式烤箱內部裝設有風扇，使烤箱內部有循環的空氣，熱空氣對流，較能均勻加熱食材。本書中標示的食譜烘烤時間及溫度是以Smeg烤箱（旋風式）為基準，不同的烤箱所需烘烤的時間及溫度可能會有些微差距，可視家中烤箱狀況，斟酌調整烘烤的時間及溫度。

2. 預熱的溫度請比烘烤的溫度再高5℃。

食材放入烤箱時，開門的那一剎那，烤箱內部預熱好的溫度會瞬間下降幾度。因此先將預熱的溫度稍微調高5℃，食材放入並關門後，再將溫度調回原本要烘烤的溫度，就能使烤箱內部的溫度維持一致。

3. 烤餅乾時，每個餅乾的大小要一樣。

排列在烤盤上的每個餅乾麵團的大小和間隔務必要平均。如果每個餅乾麵團的大小都不一樣，一起放入烤箱烘烤時，小的餅乾很快就會變色、烤焦，大的卻還沒烤熟。

4. 烤箱請於烘烤前10～15分鐘預熱。

烤箱預熱時間過短，烤箱內部沒有上升到烘烤所需的溫度時，若是直接把麵團放入烤箱，無法產生烘焙張力，烤出來的成品會很小，因為沒有確實膨脹。相反地，烤箱預熱時間過長，溫度過高，麵團表面很快就會變色，像餅乾等小麵團，很容易烤焦。

5. 每個烤箱產生的熱能強度會有些差異，所以食譜中寫的烘烤溫度及時間，並不是完全不能更改，可以依據家中烤箱的特性自行調整。

如果本書食譜中標示的溫度和時間不符合自己家裡的烤箱，請務必自行調整。照著書中的條件烘烤後，但烤出來的成品顏色不夠深，下次可以試著將溫度調高10℃烘烤，若是調整溫度後烤出來的成品剛剛好，書中其他食譜的烘烤溫度也可以各增加10℃。相反地，照著書中的條件烘烤後，成品顏色太深，請試著將烘烤溫度降低10℃烘烤看看。

6. 烘烤過程中，請將烤盤左右對調一次。

再好的烤箱，烤箱內部多少還是會有溫差，內側、外側、左側、右側的溫度都有可能不一樣，為了讓成品的能夠均勻烤熟、上色，烘烤時間經過2/3時，請將烤盤取出，左右對調一次，再放回烤箱烘烤。例如全程要烤10分鐘的點心，烤到7分鐘時，打開烤箱門，將烤盤旋轉180度後再放入烤箱，繼續烘烤。

7. 烤箱內每個層架都要放烤盤一起烘烤時，烘烤溫度請調高10℃。

烘烤的份量變多時，務必將烤箱的溫度提高。舉例來說，烤一盤馬卡龍要用140℃烘烤，一次同時烤4盤馬卡龍時，請將溫度調高10℃，以150℃烘烤。

正確使用料理秤的方法

為什麼要用料理秤秤量？

秤量食材是烘焙的基礎，也是最重要的階段。烘焙時，麵團或麵糊放入烤箱後，不是成功就是失敗，不像下廚做菜，調味不對時，還可以加點水或鹽補救。所以烘焙甜點時，每項食材的份量都要秤量精準，才有可能做出完美的甜點。料理秤可分為傳統的彈簧秤和電子秤，建議使用電子式，秤量更精準。一般的料理秤，最小計量單位為克（g），最大秤重量則是每個料理秤各有不同，從1公斤（kg）起到數公斤都有，建議選用最大秤重量3kg以上的料理秤，要做份量比較多的甜點時，會比較方便秤量。

測量方法

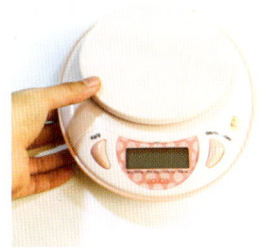

料理秤請放置在平坦的地方，周圍清空。底部傾斜或是有東西碰觸到秤台，都可能無法準確地秤重。

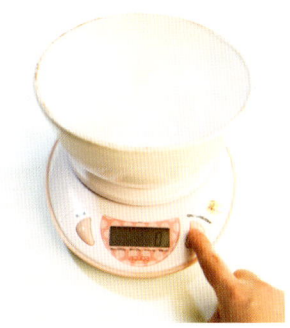

按開關鍵，開啟料理秤，放上測量容器，將料理秤歸零。

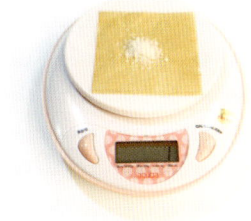

本書中全部食譜的計量單位皆為g，遇到需要秤量0.5g等情形時，可先秤出1g，再將1g分成兩等份，即是0.5g。

大部分的粉類食材要一起過篩，所以秤量多種粉類食材時，不需要換容器，可以用同一個容器秤重就好。容器中放入第一種粉類食材秤量好後，按一下歸零鍵，再加入第二種粉類食材秤量，反覆操作，將所有粉類食材秤量完後，再一起過篩混合。

秤量食材時的注意事項

- 增加或減少食譜中的食材份量有一定的公式，想將6吋蛋糕的食譜，製作成7吋蛋糕時，每項食材的份量大約要增加至1.5倍；製作成8吋蛋糕的話，份量則要增加至2.25（1.5x1.5）倍。
- 開始動手烘焙前，請將食譜中的所有食材都先秤量好，不僅能加快製作流程，秤量食材也更為精準。

奶油的事前準備工作：打發鮮奶油和蛋白

奶油的狀態

烘焙時，每份食譜所需要的奶油狀態各有不同。冷藏奶油指的是剛從冰箱冷藏室拿出來，冰的固狀奶油；常溫奶油指的是柔軟狀態的奶油；液狀奶油是將奶油加熱融化成液體狀，液狀奶油的物理性與固狀奶油不同，以液狀奶油製成的點心不會膨脹，口感硬脆；焦化奶油則是將液狀奶油持續加熱至水分蒸發，顏色呈深褐色，奶油風味更顯強烈。

• 常溫狀態的奶油

軟化的奶油，製作餅乾和奶油霜時使用。奶油的溫度大約在20℃左右，質地近似於髮蠟或美乃滋。夏季請於使用前20分鐘，從冰箱取出，放置在常溫下回溫；冬季請於使用前2小時，從冰箱取出，放置在常溫下回溫。

• 液狀奶油

用40℃的溫水隔水加熱，融化成液體狀態的奶油。可用來製作餅乾、蛋糕基底。要留意所需的奶油溫度，過高或過低會影響麵團的濃稠度。液狀奶油也可以用來塗抹在烤模內，防止成品沾黏在烤模上。

• 冷藏奶油

冷藏奶油主要用於製作塔皮或派皮。炎熱的夏季，請於開始製作前，再從冰箱拿出奶油，以免奶油回溫軟化。

• 焦化奶油（榛果奶油）

奶油融化後，繼續加熱至顏色變成深褐色，就會出現特別的榛果香氣，使用前請用濾網過濾，去除沉澱物。焦化奶油最常用於製作費南雪和瑪德蓮。

打發鮮奶油

打發好的鮮奶油可以塗抹在蛋糕上做裝飾，或是製作成填充派類甜點的內餡。鮮奶油打發過頭，會產生油水分離，乳脂肪結成塊狀，打發時請留意所需的鮮奶油硬度。

- 7分發狀態

狀態像濃稠液體，舀起鮮奶油時，呈線狀快速落下。落下後會留下淺淺痕跡，非常柔軟的狀態。適用於製作慕斯或柔順的內餡填料。用7分發鮮奶油霜製作的慕斯放在冰箱最少要冷藏2小以上才會凝固。

- 8分發狀態

狀態像乳霜，比7分發鮮奶油霜更凝固一些，舀起鮮奶油霜時，會斷斷續續滴落，也可以用來製作慕斯。使用8分發鮮奶油霜製作的慕斯，所需的凝固時間會比7分發鮮奶油霜製作的慕斯要短一些。

- 9分發狀態

舀起鮮奶油霜時，會殘留在打蛋器上，呈現微微垂墜的三角形狀態，但不會滴落。適用於蛋糕抹面或擠花。

- 10分發狀態

舀起鮮奶油霜時，感覺相當乾鬆、硬挺，完全不會流動。適用於蛋糕捲的夾餡。

香緹鮮奶油（crème Chantilly）

使用電動打蛋器，於鮮奶油中加入砂糖或糖粉一起打發。打發香緹鮮奶油時，調理盆下用另一個鋼盆裝冰塊，使鮮奶油保持低溫，比較容易打發出柔順又蓬鬆的香緹鮮奶油霜。

鮮奶油

冰塊

打發蛋白

蛋白霜是在蛋白中加入砂糖，打發成蓬鬆的泡沫狀。蛋白霜的做法分為三種，一種是最基本的法式蛋白霜；第二種是需要隔沸水加熱的瑞士蛋白霜；第三種是將滾燙糖漿拌入蛋白泡沫中的義式蛋白霜。

・8分發蛋白霜（濕性發泡）
泡沫滑順、柔軟，慢慢拿起電動打蛋器時，沾附的蛋白霜呈尖錐狀，末端微微彎曲。

・9分發蛋白霜（中性發泡）
泡沫綿密但結實，慢慢提起電動打蛋器時，沾附的蛋白霜呈三角形。

・10分發蛋白霜（乾性發泡）
泡沫結實，不會流動，接近固體，拿起電動打蛋器時，沾附的蛋白霜像刺蝟一樣，出現多個尖角。

烘焙必知的基本用語

· 常溫狀態的食材
奶油、奶油乳酪、雞蛋等食材退冰，放至室溫狀態。特別是常溫的奶油，要呈現美乃滋般的柔軟度才算回溫完成。奶油和蛋若沒有確實回溫至常溫，攪拌在一起時兩者就無法充分結合，很容易呈現分離狀態，所以務必事先將要退冰的食材從冰箱取出，放至室溫，回溫所需的時間，夏季約為30分鐘、冬季約2小時。

· 鋪排
塑形好的麵團，保留適當間距整齊排列在烤盤上，或是將麵糊倒入烤模中。

· 第一次烘烤
製作派時，為了使派皮口感酥脆，要先經過第一次烘烤，將派皮烤酥脆後，再填入內餡進行第二次烘烤。若沒有經過第一次烘烤的程序，直接填入內餡放入烤箱烘烤，派皮會變得濕潤、不酥脆，而且要花更長時間烘烤。

· 戳洞
在麵團上製造氣孔，烘烤時排出水蒸氣，成品才不會膨脹、變形。

· 鋪烘焙重石
派皮鋪入派盤後，取一張烘焙紙蓋在派皮表面，再鋪滿重石或豆子，使派皮底部在烘烤過程中不會膨脹、變形。

· 隔水加熱
不以直火加熱的方式，而是在裝有食材的調理盆下方，用另一個調理盆裝熱水，以隔水加熱的方式，間接使溫度升高，主要在製作蛋糕基底及融化巧克力的時候使用。

· 鬆弛
揉好的麵團用保鮮膜包好，放入冰箱冷藏30分鐘至2小時左右。鬆弛是給麵團短暫的休息，使麵團中的麵筋放鬆，麵團恢復柔軟才方便操作。

· 蛋液
打散的雞蛋液，在烘焙中用途相當廣泛。戳好洞的派皮底部刷上蛋液，可以防止內餡流出，同時也可以避免派皮變濕軟。蛋液塗在麵團表層，經過烘烤會變成誘人的金黃色澤，看起來更可口。蛋液也是黏合或銜接麵團時很好的接著劑。

· 7分滿
麵糊倒入馬芬烤模或一般烤模時，只要倒7分滿即可。也就是全滿為100%的話，填至70%就夠了。

· 打發鮮奶油霜
鮮奶油霜是藉由快速攪拌，將空氣打入液體狀的鮮奶油中，變成蓬鬆綿密的泡沫。

· 打發
用打蛋器或電動打蛋器快速攪拌，將空氣打入雞蛋、鮮奶油或奶油中，使變得蓬鬆。

· 打發蛋白霜
蛋白霜是指在蛋白中加入砂糖，快速攪拌成綿密的泡沫狀。依據製作方式可以分為一般的法式蛋白霜、用沸水隔水加熱的瑞士蛋白霜，以及將滾燙的糖液淋入蛋白泡沫中的義式蛋白霜三種。

· 檸檬和柑橘皮末
柳橙、檸檬、葡萄柚等柑橘類水果的表皮碎末，添加在麵團或麵糊中，可以增添香氣。刨取果皮前，請先將水果用小蘇打粉加水浸泡一天，再用果皮刨刀刮取果皮末。刨取果皮時，要留意不要刨到白色部分，以免產生苦味。

· 內餡
填入派或蛋糕中的餡料，可使味道變得更豐富、多層次。

常見的烘焙問題與解決方法

以下是在教學過程中，學生們最常詢問的20個烘焙相關問題及解決方法，提供參考。

- **用全蛋液製作的蛋糕基底，都塌塌的，膨不起來。**

全蛋液中蛋黃含有油脂，低溫狀態下容易消泡，加熱之後，蛋本身的表面張力和凝結力降低，就容易打發了。調理盆中放入雞蛋及砂糖後，下方用另一個調理盆裝入90℃的熱水隔水加熱。全蛋液的溫度要升高到40℃才比較容易打發，低溫的冬天，下方的熱水很快就會冷掉，請辛勤更換成熱水，使蛋液維持在固定的溫度。

- **法式千層派皮不蓬鬆。**

最可能的原因有兩個，一個是揉麵團時奶油融化了，所以反覆折疊時，麵團都沾黏在一起，無法產生層次，揉麵團的過程中，若感覺奶油快要融化，要趕快放入冰箱冷凍，使其冷硬再繼續操作。第二個原因可能是烤箱沒有充分預熱到所需溫度，所以法式千層派皮才會膨不起來。除此之外，還要注意，在炎熱的夏季製作法式千層派皮，務必要開冷氣。法式千層派皮放入烤箱後，前20分鐘絕對不能打開烤箱門。

- **做好的義式蛋白霜水水的。**

這是製作馬卡龍時最常有的疑問。將加熱至118℃的糖液淋入打發好的蛋白中時，要同時以高速攪拌，此時若沒有高速攪拌，糖液的熱氣無法散發，會使打發好的蛋白泡沫破裂、液態化，變成水水的蛋白霜。打發蛋白霜時可以選用盆口窄但深度較深的調理盆，蛋白的量要達到調理盆的1/3，比較容易打發。

- **烤好的餅乾太硬。**

本來應該鬆脆的餅乾，烤好後卻變得過硬，最大的可能就是奶油融化了。本來應該用固體狀冷藏奶油製作的食譜，若變成融化奶油，口感就不會鬆脆，而會變硬。

- **烤箱要預熱多久？**

一般來說烘烤前的10～15分鐘前開始預熱即可。預熱的溫度請比烘烤的溫度再略高5℃，放入麵團或麵糊後，再調整回烘烤所需的溫度。

- **鮮奶油一直無法打發成鮮奶油霜。**

鮮奶油是對溫度很敏感的食材。要用的時候再馬上從冰箱拿出，冰涼的狀態下，比較能打發完全。還可以在調理盆下方用冰塊冰鎮，使鮮奶油維持低溫，就能成功打發出蓬鬆又綿密的鮮奶油霜。

- **只有吉利丁粉，沒有吉利丁片的時候怎麼辦？**

用吉利丁粉取代吉利丁片，只需要原來吉利丁片所需用量的60～70%即可。吉利丁粉同樣要用冰水浸泡10分鐘後再使用。

- **派皮麵團太軟，很難操作。**

派皮麵團對熱度相當敏感，一遇熱，奶油融化，麵團就會變得很軟，挪動時也很容易弄破，這種時候請把麵團用保鮮膜包好，放冰箱冷藏鬆弛30分鐘至2小時。融化的奶油重新凝固，麵筋也回復本來的筋度，重新擀平，鋪入烤盤，就能烤出酥脆的派皮。

- **蛋糕要什麼時候吃最美味呢？**

蛋糕塗上鮮奶油霜後，需要放入冰箱冷藏12～24小時，使其熟成，蛋糕體吸收一些水氣變濕潤後，就可以食用了。費南雪或瑪德蓮等小蛋糕請用密封盒裝好，放室溫靜置一天，使蛋糕變軟，吃起來會更加美味。

- **烤好的餅乾，顏色差異太大。**

每一片餅乾麵團的厚度和大小都要一致，鋪排在烤盤上時也要保持相同的間隔距離。同一盤的餅乾尺寸若有大有小，以同樣的時間和溫度烘烤，很容易發生大的烤不熟，小的烤太焦的狀況。此外，烤箱內部也會有些微的溫差，烘烤過程中，記得將烤盤取出左右對調一次，再放入繼續烘烤，使餅乾均勻上色。

- **用烤模烤好的蛋糕要什麼時候脫模、放涼呢？**

烤好後就要馬上脫模，放置在冷卻網上，靜置冷卻。烤好後若繼續放在烤模中，水蒸氣無法散發，蛋糕就會縮水、塌陷，烤模上的餘熱也會使蛋糕變得乾硬。

- **做好的千層蛋糕口感不鬆軟。**

製作千層蛋糕麵糊時，若攪拌過久，會產生麵筋，做出來的千層蛋糕口感比較硬。煎千層蛋糕的餅皮時，越薄越好，餅皮和餅皮間塗滿豐富的餡料。製作完成的千層蛋糕放入冰箱冷藏至少12小時後再取出食用，經過冷藏的千層蛋糕切面比較漂亮，口感也比較鬆軟。

- **做好的牛奶糖，不是太軟就是太硬。**

製作牛奶糖最重要的就是最後完成的溫度。以中小火煮滾後持續攪拌，熬煮至適當溫度，過程中要持續不斷地攪拌，才有可能完成口感柔軟的牛奶糖。牛奶糖達到適當溫度後，要馬上倒入模型中。

- **吉利丁融化後，還有像雞蛋繫帶般的東西殘留，無法融化。**

吉利丁一定要用冰水浸泡10～15分鐘以上，若少於這個時間，浸泡不完全的部分，會無法融化，呈細絲狀殘留其中。

- **奶油中放入砂糖和雞蛋，要做成奶油霜，持續攪拌卻無法完全融合。**

請先確認溫度。製作奶油霜時所有材料都必須是常溫狀態，請預先從冰箱取出退冰1小時。奶油中放入砂糖後，先攪拌鬆軟，再將蛋液分成3次，慢慢加入奶油中，快速攪拌，就能使蛋液充分融入奶油中。

- **常常會搞不清楚什麼時候要用橡皮刮刀？什麼時候要用打蛋器？**

橡皮刮刀是攪拌混合不同性質的食材時使用的工具，像是將粉類食材拌入蛋糊中，或是將蛋白霜拌入蛋黃糊中；打蛋器的功用則是將空氣打入食材中，主要用來打發雞蛋或鮮奶油，或是將奶油攪拌成鬆軟狀態。

- **秤量食材要花好多時間，好累人。**

秤量食材是進入烘焙的第一步，也是不可省略的過程。建議多準備幾個不同尺寸的塑膠保鮮盒當秤量用的容器，可以讓你的秤量過程更事半功倍。

- **一定要使用無鹽奶油嗎？**

是的，加鹽奶油中大約含有2%的鹽，也就是說使用100g的奶油，奶油中就已經加入了2g的鹽。製作奶油用量較多的磅蛋糕時，若用加鹽奶油製作，會變得過鹹。

- **做完鮮奶油蛋糕後，剩下的鮮奶油保存期限那麼短，該怎麼處理？**

剩下的鮮奶油可以先保存在冰箱冷凍室，有空的時候，製作成瑞可塔乳酪（p.126）。鮮奶油放入冷凍後，就無法打發成裝飾用的鮮奶油霜，但是用來烹調料理風味還是不變，如南瓜湯或咖哩。

- **對烘焙新手來說，從哪個食譜開始練習，可更快累積烘焙實力？**

這是我教課時常常被問到的問題。建議親手烘焙禮物送給親友吧！為親愛的家人或朋友烘烤點心或蛋糕，是件令人心情愉悅且有意義的事，若是不幸做失敗了，也有動力再重新挑戰，如此反覆練習、嘗試，很快就能提升烘焙實力了。

Part 1
Cake

BAKING RECIPE

專為你設計的
健康蛋糕

Cake 1-1

蜜桃千層蛋糕

這道蛋糕最大的優點是不用烤箱就能製作。
若只是塗抹鮮奶油一定有人會覺得味道太過單調，
因此加入了盛產於6~8月的黃桃，增添風味，成為蜜桃千層蛋糕。

A 千層蛋糕餅皮

材料〔份量15張〕

+ 所有食材為常溫狀態
+ 直徑20cm圓形不沾鍋

◇ 低筋麵粉	85g
◇ 砂糖	20g
◇ 牛奶 Ⓐ	120g
◇ 鮮奶油	65g
◇ 雞蛋	90g
◇ 牛奶 Ⓑ	90g

1. 低筋麵粉和砂糖一起過篩。
2. 在 **1** 中間挖一個洞。
3. 牛奶 Ⓐ、鮮奶油、雞蛋拌勻後倒入，由內向外慢慢攪拌開來。
4. 麵糊變得滑順，沒有結塊時，加入牛奶 Ⓑ。
5. 用濾網將 **4** 過濾，放置室溫鬆弛30分鐘。
6. 平底鍋預熱，抹上薄薄一層油，倒入約30ml的麵糊，抹開成圓薄片。用小火，兩面各煎一下，約1分鐘。

B 蜜桃果醬

材料

◇ 黃桃	200g
◇ 蜂蜜	100g
◇ 香草莢	1/4根
◇ 檸檬皮末	5g

1. 黃桃切塊；香草莢剖半，刮出香草莢中的籽。
2. 黃桃、蜂蜜、香草籽拌勻，靜置20分鐘。
3. 將 **2** 倒入銅鍋中，以中火煮10~15分鐘，持續攪拌，直到湯汁變濃稠。
4. 最後刨入一些檸檬皮末拌勻，再滾1~2分鐘即完成。
5. 馬上裝入洗淨晾乾的容器中，放進冰箱冷藏保存。

C 蜜桃奶油醬

材料

◇ 牛奶	90g
◇ 蛋黃	30g
◇ 砂糖	25g
◇ 玉米澱粉	7g
◇ 蜜桃香甜酒	20g
◇ 蜜桃果醬	50g
◇ 冷藏鮮奶油	180g

1. 鍋中放入牛奶，加熱至90℃。
2. 蛋黃、砂糖放入調理盆中，用打蛋器持續打發至蛋液變成淺黃色。

蜜桃千層蛋糕

3. 篩入玉米澱粉，用打蛋器拌勻。
4. 一邊攪拌，一邊將加熱好的牛奶分次倒入。
5. 重新倒回鍋中，開火加熱，並快速攪拌，避免燒焦。
6. 鍋子中央開始冒泡時，倒入調理盆中，靜置冷卻。
7. 冷卻的 6 中加入蜜桃香甜酒及蜜桃果醬，攪拌均勻。
8. 鮮奶油打發成9分發鮮奶油霜（不會流動，呈現微微垂墜的三角形），加入 7 中，攪拌均勻。

D 完成！

1. 在放涼的千層蛋糕餅皮上，一張一張抹上蜜桃奶油醬後，往上重疊。
2. 取少許蜜桃果醬，裝飾在千層蛋糕上。

Tip

- 千層蛋糕盡量煎得薄一點，完成的千層蛋糕口感才會柔軟。
- 每一張千層蛋糕餅皮都均勻塗抹蜜桃奶油醬，堆疊好後，放入冰箱冷藏12小時，待奶油醬凝固後再切，蛋糕形狀才會漂亮。

Cake 1-2

櫻桃杏仁蛋糕

過去櫻桃是一般人買不起的昂貴水果，但是現在6~8月時，
在超市或市場都可以買到好吃又便宜的進口櫻桃了。
這道食譜中，將櫻桃打碎拌入蛋糕麵糊中，用天然的水果汁液為蛋糕增色，
可以感受到真正櫻桃的香氣和色澤。

🅐 櫻桃杏仁蛋糕基底

材料

✦ 直徑18cm圓形蛋糕模

◇ 蛋白	90g
◇ 砂糖 🅐	35g
◇ 蛋黃	60g
◇ 砂糖 🅑	25g
◇ 低筋麵粉	60g
◇ 杏仁粉	60g
◇ 可可粉	15g
◇ 鹽	1g
◇ 攪碎的櫻桃	135g

1. 蛋白快速攪拌至稍微起泡後，放入砂糖🅐，打發成9分發的蛋白霜。
2. 蛋黃中加入砂糖🅑，打發至淺黃色。
3. 將2加入1中，用橡皮刮刀翻拌均勻。
4. 低筋麵粉、杏仁粉、可可粉、鹽篩入3中，用橡皮刮刀輕柔拌勻。
5. 最後將攪碎的櫻桃拌入麵糊中。
6. 烤模內鋪好烘焙紙，倒入麵糊，放入165℃的烤箱，烤20~23分鐘。

B 優格奶油乳酪餡

材料

◇ 常溫奶油乳酪	100g
◇ 原味優格	30g
◇ 糖粉	15g
◇ 檸檬汁	3g
◇ 蘭姆酒	2g

1　奶油乳酪攪拌成滑順的乳霜狀，加入優格拌勻。

2　加入糖粉、檸檬汁、蘭姆酒，用打蛋器攪拌均勻。

C 完成！

材料

◇ 櫻桃	16顆

1　櫻桃杏仁蛋糕基底頂面塗抹優格奶油乳酪餡，最後放上櫻桃裝飾。

Tip

・沒有新鮮櫻桃時也可以使用罐頭櫻桃，但是要記得將醃漬的糖水徹底瀝乾再使用，否則麵糊的水分變多，就必須拉長烘烤時間。

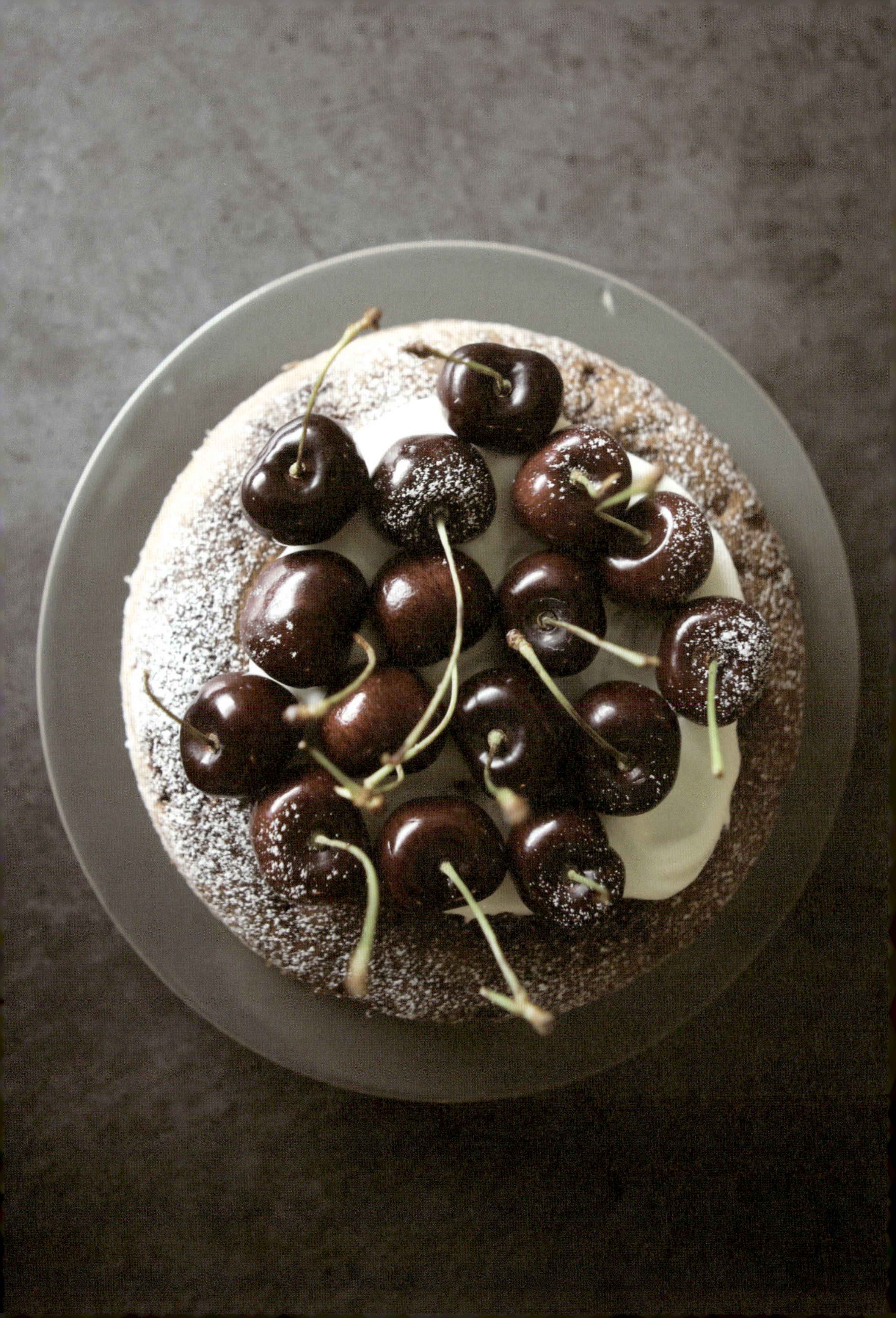

Cake 1-3

檸檬藍莓蛋糕

烘焙課程裡，經常會運用到7~9月盛產的藍莓，
水分和甜度不高的藍莓，雖然不適合直接食用，
但是很適合用來製作蛋糕。

檸檬藍莓蛋糕基底

材料

✦ 直徑18cm圓形蛋糕模

◇ 葡萄籽油	50g
◇ 蜂蜜	60g
◇ 檸檬汁	30g
◇ 檸檬皮末	15g
◇ 雞蛋	110g
◇ 砂糖	30g
◇ 杏仁粉	160g
◇ 低筋麵粉	80g
◇ 鹽	1g
◇ 泡打粉	2g
◇ 小蘇打粉	2g
◇ 藍莓	100g

1. 銅鍋中放入葡萄籽油、蜂蜜、檸檬汁、檸檬皮末後，煮至沸騰。
2. 雞蛋和砂糖拌勻後，隔水加熱，使蛋液維持在40℃左右，打發至蛋液顏色泛白。
3. 杏仁粉、低筋麵粉、鹽、泡打粉、小蘇打粉篩入 **2** 中，攪拌均勻。
4. 將 **1** 降溫至35℃加入 **3** 中，用橡皮刮刀拌勻，再加入藍莓拌勻。
5. 烤模內鋪好烘焙紙，倒入麵糊，放入170℃的烤箱，烤23~25分鐘。

B 優格奶油乳酪餡

材料

- 常溫奶油乳酪　　100g
- 原味優格　　　　30g
- 糖粉　　　　　　15g
- 檸檬汁　　　　　3g
- 蘭姆酒　　　　　2g

1　奶油乳酪放入調理盆中，攪拌成乳霜狀，加入優格拌勻。

2　加入糖粉、檸檬汁、蘭姆酒，用打蛋器攪拌均勻。

C 完成！

材料

- 藍莓　　100g

1　檸檬藍莓蛋糕基底頂面塗抹優格奶油乳酪餡，最後放上藍莓裝飾。

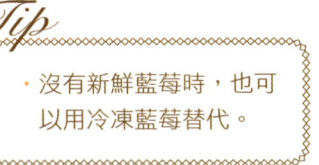

Tip

・沒有新鮮藍莓時，也可以用冷凍藍莓替代。

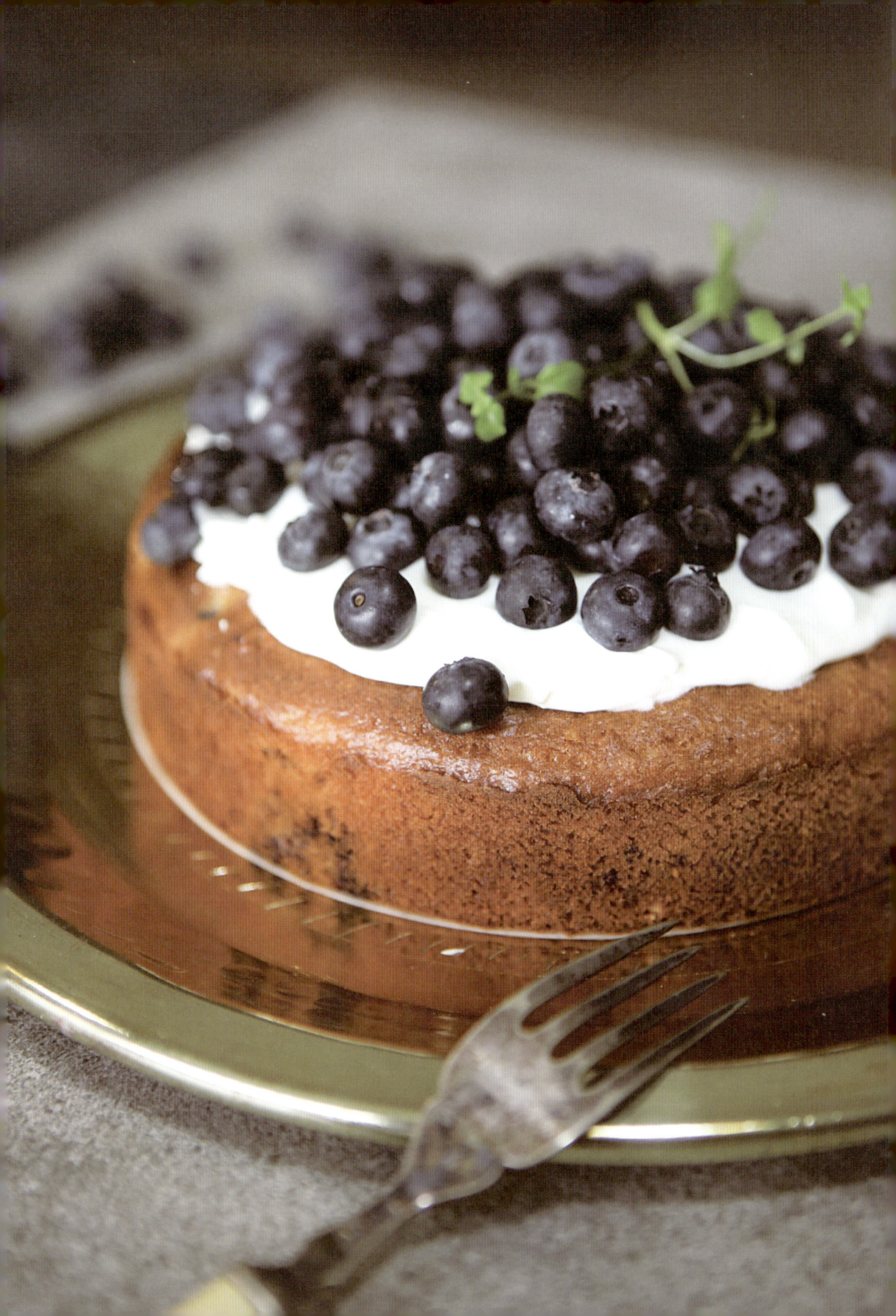

Cake 1-4 花園蛋糕

這款乳酪蛋糕像是把整座花園都融入蛋糕裡了。
基底不使用餅乾，改用堅果製作；基底上方則是爽口的覆盆子乳酪餡。
最後在蛋糕邊緣擺滿可食用的花卉，完整呈現華麗的花園氛圍。

A 堅果基底

材料

✦ 直徑18cm圓形慕斯圈

◇ 杏仁片	75g
◇ 榛果	75g
◇ 開心果	7g
◇ 蔓越莓乾	12g
◇ 奶油	30g
◇ 白巧克力	30g

1. 杏仁片、榛果、開心果、蔓越莓乾放入調理機中，打成碎屑。
2. 奶油和白巧克力放入微波爐中加熱融化，倒入 **1** 中攪拌均勻。
3. 圓形慕斯圈內，用保鮮膜包覆，內緣再圍上慕斯圍邊。
4. 慕斯圈內倒入 **2** 後鋪平，壓緊實，放入冰箱冷凍30分鐘，使其凝固。

B 覆盆子乳酪餡

材料

◇ 覆盆子果泥	50g
◇ 檸檬汁	10g
◇ 砂糖	30g
◇ 吉利丁片	5g
◇ 常溫奶油乳酪	170g
◇ 冷藏鮮奶油	130g
◇ 蘭姆酒	5g

1. 吉利丁片用冰水浸泡10分鐘。
2. 銅鍋內放入覆盆子果泥、檸檬汁、砂糖，開火煮至砂糖融化。
3. 將2倒入調理盆中，加入泡好的吉利丁片拌勻。

4　奶油乳酪倒入 3 中，用打蛋器攪拌均勻。

5　鮮奶油中加入蘭姆酒，打發成7~8分發的鮮奶油霜後，倒入 4 中混合均勻。

完成！

材料

◇ 食用花卉

1　凝固的堅果基底上，倒入覆盆子乳酪餡，放入冰箱冷凍2小時，待其凝固後脫模。

2　放上食用花卉裝飾。

Tip

- 春天的迎春花、金達萊、桃花；夏天的金合歡花、康乃馨、玫瑰；秋天的菊花、南瓜花；冬天的山茶花……你喜歡用哪一種花裝飾蛋糕呢？母親節時很適合用康乃馨來製作，也可以試著製作其他特別的花蛋糕喔！

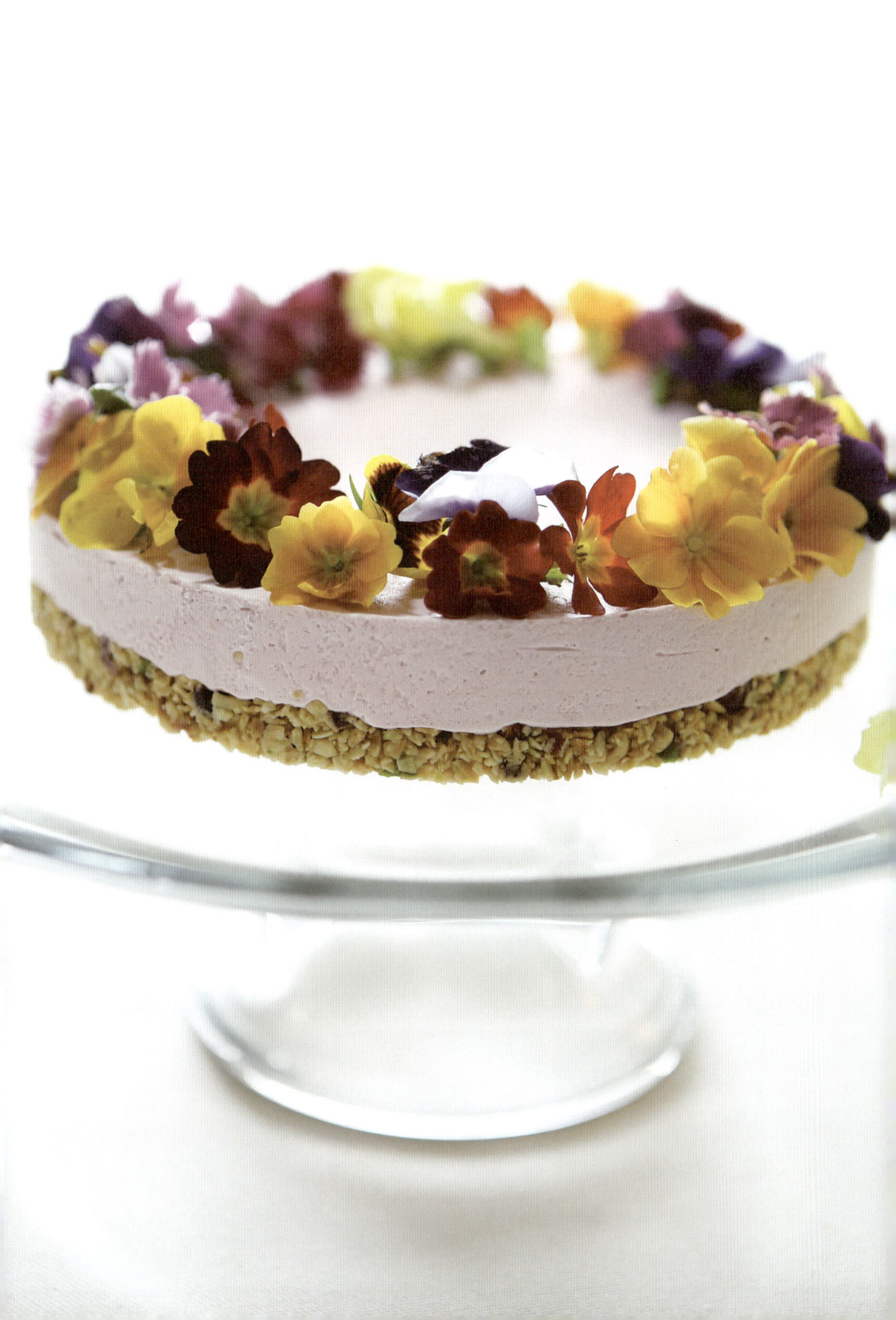

Cake 1-5

酪梨乳酪蛋糕

酪梨成分中有30%為脂肪，碳水化合物、蛋白質和維他命的含量也高，
是高營養價值的水果。許多人聽到這道甜點時，
肯定會先質疑「把酪梨加到乳酪蛋糕中，不會很奇怪嗎？」
但是請相信我，酪梨如奶油般的滑順口感，搭配乳酪蛋糕，真的是天作之合啊！

A 手指餅乾基底

材料

+ 烘焙紙 40x20cm
+ 1公分圓形擠花嘴

◇ 蛋白	60g
◇ 砂糖	45g
◇ 蛋黃	40g
◇ 低筋麵粉	30g
◇ 杏仁粉	10g

1. 烘焙紙上畫出一個40×20cm的長方形。
2. 蛋白打至起泡後，分2次加入砂糖，打發成10分發的結實蛋白霜。
3. 蛋黃加入 2 中，用橡皮刮刀稍微攪拌，呈現大理石般的紋路。
4. 低筋麵粉和杏仁粉篩入 3 中，用橡皮刮刀輕柔拌勻。
5. 1cm圓形擠花嘴和擠花袋組裝在一起後，裝入麵糊，以畫平行橫線的方式，用麵糊將烘焙紙上的長方形填滿。
6. 放入180℃的烤箱，烤8~10分鐘，直到表面呈現金黃色澤。

046　Natural Baking Book

B 酪梨奶油乳酪餡

材料

◇ 黃酪梨	135g
◇ 常溫奶油乳酪	150g
◇ 砂糖	55g
◇ 檸檬汁	10g
◇ 原味優格	75g
◇ 吉利丁片	7g
◇ 冷藏鮮奶油	170g
◇ 蘭姆酒	10g

1. 吉利丁片用冰水浸泡10分鐘。
2. 酪梨剖半，挖出果肉，放入調理機中打成泥。
3. 奶油乳酪和砂糖放入調理盆中，用打蛋器打軟。
4. 將2及檸檬汁加入3中拌勻。
5. 優格和泡軟的吉利丁片一起放入微波爐加熱5秒，使吉利丁片融化後，拌入4中。
6. 鮮奶油中加入蘭姆酒，打發成7~8分發的鮮奶油霜後，倒入5中混合均勻。

酪梨乳酪蛋糕 | 047

(完成！

材料

+ 15cm方形慕斯圈
+ 1cm圓形擠花嘴

◇ 冷藏鮮奶油	30g
◇ 砂糖	3g
◇ 酪梨	20g

1. 圓形慕斯圈內，用保鮮膜包覆。
2. 手指餅乾基底切割成2片長寬各15cm的正方形。
3. 在1的底部鋪一片手指餅乾基底。
4. 慕斯圈內用酪梨奶油乳酪餡填滿至1/3的高度。放入冰箱冷凍15分鐘，使其稍微凝固。
5. 鋪入另一片手指餅乾基底，再倒入剩餘的內餡。
6. 用蛋糕抹刀抹平表面，放入冰箱冷凍2小時，使其凝固。
7. 鮮奶油和砂糖一起打發成鮮奶油霜。擠花嘴和擠花袋組裝好後，裝入鮮奶油霜，擠一些在蛋糕表面，再切一些酪梨做裝飾。

Tip

- 新鮮的酪梨有一種特殊的青草味，若不喜歡這種味道，可以在內餡中加入一點香草精。

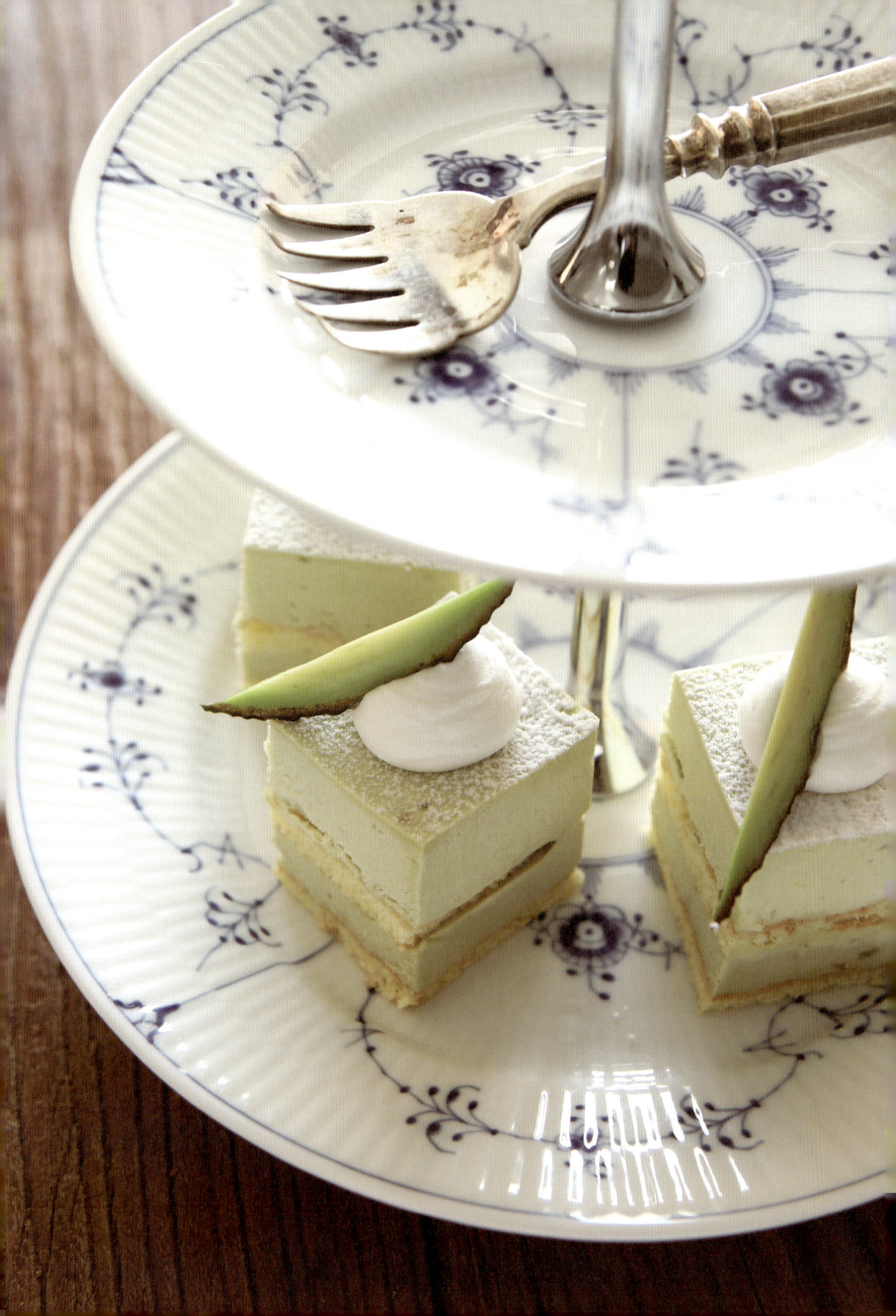

Cake 1-6 白酒乳酪蛋糕

這道食譜的靈感來自清酒蛋糕。
白酒的酒香可以沖淡乳酪的油膩感,讓乳酪蛋糕吃起來更清爽,
所以在食譜中很豪氣地放了很多白酒,請像喝白酒一樣,
將蛋糕冰涼了再食用吧!

A 杏仁酥粒基底

材料

✦ 直徑18cm圓形慕斯圈

◇ 杏仁粉	25g
◇ 低筋麵粉	55g
◇ 糖粉	40g
◇ 冷藏奶油	35g

1. 圓形慕斯圈底部用鋁箔紙包好,內緣圍上烘焙紙。
2. 杏仁粉、低筋麵粉、糖粉一起過篩。
3. 冷藏的固狀奶油放入 **2** 中,用刮板反覆切割成細小粉粒狀。
4. 用手輕輕搓揉成較大的酥粒狀。

5　奶油酥粒倒入慕斯圈中，用手按壓緊實，使厚度一致。放入170℃的烤箱，烤10~12分鐘。（色澤會稍微變深。）

B 白酒乳酪餡

材料

✦ 所有食材為常溫狀態

◇ 奶油乳酪	375g
◇ 砂糖	68g
◇ 雞蛋	90g
◇ 原味優格	110g
◇ 白酒	180g
◇ 低筋麵粉	25g

1　奶油乳酪和砂糖放入調理盆中，用打蛋器攪拌1分鐘左右，打軟。

2　雞蛋加入1中，用橡皮刮刀拌勻。（泡沫並不多。）

3　優格及白酒加入2中，用橡皮刮刀拌勻。

4 用橡皮刮刀舀一匙 3 加入低筋麵粉中拌勻，再將拌好的低筋麵粉加入 3 中攪拌均勻。

5 將 4 用濾網過濾。

完成！

1 烤好的杏仁酥粒基底冷卻後，將乳酪內餡倒入慕斯圈中，放入170℃的烤箱，烤25~30分鐘。（晃動時，乳酪內餡會像嫩豆腐般搖晃就完成了。）

2 烤好的乳酪蛋糕放室溫下1小時，充分降溫後，再拿掉慕斯圈及鋁箔紙。

Tip

・烤好的杏仁酥粒基底請務必充分降溫，再倒入乳酪內餡。若杏仁酥粒基底沒有降溫，直接倒入內餡，高溫會使內餡油水分離或融化，從細縫中流掉。

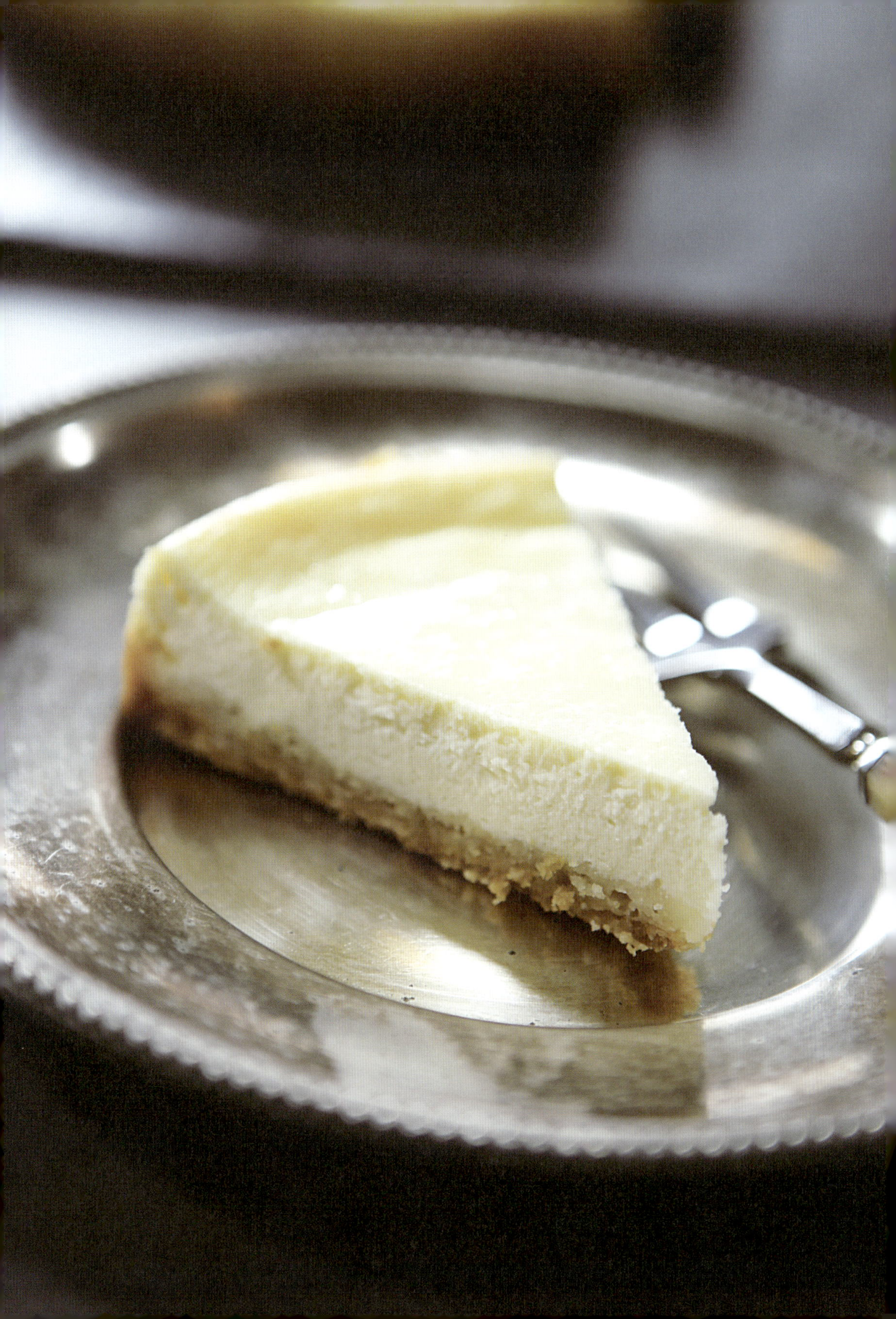

Cake 1-7 蒙布朗蛋糕

不愛吃甜食的人,肯定會覺得蒙布朗都甜死人不償命吧?
若使用烘焙材料行販售的現成栗子泥製作,餡料甜,整個蛋糕吃起來也會很甜膩,
所以這道食譜也要教大家怎麼自製好吃又不甜膩的栗子泥。

A 栗子泥

材料

- 栗子　　　300g
- 水　　　　120g
- 砂糖　　　50g
- 果糖　　　20g
- 鹽　　　　1g

1. 栗子放入鍋中,加水淹過栗子,用中火煮20分鐘。
2. 栗子取出後放涼,去殼,剝好的栗子和水120g一起倒入調理機中攪碎。
3. 將2、砂糖、果糖、鹽放入銅鍋中,用大火煮滾。
4. 煮滾後,轉中小火繼續煮,用橡皮刮刀持續攪拌15~20分鐘,避免燒焦。
5. 用橡皮刮刀舀起栗子泥,若不會流下來,就可以關火了。(冷藏可以保存7天,冷凍可以保存1個月。)

B 糖漬栗子（帶膜）

材料

◇ 栗子	300g
◇ 小蘇打粉	5g
◇ 水	500g
◇ 砂糖	200g
◇ 醬油	7g

1. 栗子加水，大約煮10分鐘，使外殼變軟。
2. 栗子撈出放涼後，剝掉外殼，保留內膜和栗子肉。
3. 將2、水、小蘇打粉放入鍋中，煮15分鐘。
4. 用流動的水將栗子清洗乾淨。
5. 水500g、一半的砂糖倒入鍋中，煮成稍微濃縮的糖漿後，放入洗好的栗子，煮10分鐘。
6. 倒入剩餘的砂糖，再煮10分鐘，甜味充分滲入後，倒入醬油，關火。

蒙布朗蛋糕 | 055

C 巧克力蛋糕基底

材料

✦ 直徑15cm圓形蛋糕模

- 雞蛋　　　　120g
- 蜂蜜　　　　　7g
- 砂糖　　　　 62g
- 低筋麵粉　　 56g
- 可可粉　　　　9g
- 奶油　　　　 11g
- 牛奶　　　　 11g

1. 雞蛋、蜂蜜、砂糖拌勻後，隔水加熱，使蛋液維持在40℃左右，開始打發。
2. 持續用高速打發，直到蛋液變成蓬鬆綿密的泡沫，顏色泛白。
3. 篩入低筋麵粉、可可粉。
4. 奶油和牛奶混合並加熱至40℃，使奶油融化，挖一些3的可可麵粉放入奶油牛奶中拌勻後，再重新倒回3中攪拌均勻。
5. 烤模內鋪好烘焙紙，倒入麵糊，放入170℃的烤箱，烤20~25分鐘。

D 18度波美糖漿

材料

- 水　　　　　 26g
- 砂糖　　　　 13g
- 蘭姆酒　　　　2g

1. 水及砂糖放入鍋中，煮至砂糖完全溶解。
2. 冷卻後加入蘭姆酒拌勻。（完成的糖漿約35g。）

Tip

- 市售的現成栗子泥會比自製的栗子泥甜，水分少，較乾硬。使用前一定要完全退冰至室溫狀態，比較容易製作成栗子奶油餡。

E 鮮奶油霜

材料

- 冷藏鮮奶油　　130g
- 糖粉　　　　　20g
- 蘭姆酒　　　　5g

1. 鮮奶油、糖粉、蘭姆酒放入調理盆中，打發成9分發鮮奶油霜。

F 栗子奶油餡

材料

- 栗子泥　　　　　　　105g
- 常溫奶油　　　　　　35g
- 鮮奶油　　　　　　5～15g
  （使用市售栗子泥時，鮮奶油的量要增加）
- 蘭姆酒　　　　　　　3g

1. 栗子泥和奶油用打蛋器打軟。
2. 加入鮮奶油和蘭姆酒，持續攪拌直到餡料質地變滑順。

6 完成

材料

+ 直徑18cm圓形慕斯圈
+ 1cm圓形擠花嘴
+ 蒙布朗擠花嘴

◇ 糖漬栗子　　4顆

1. 圓形慕斯圈內，用保鮮膜包覆，再圍上慕斯圍邊。
2. 1cm圓形擠花嘴和擠花袋組裝好後，裝入鮮奶油霜。
3. 巧克力蛋糕基底橫切成3等份，每片高約1.5cm。
4. 每片巧克力蛋糕片的兩面都用刷子均勻刷上糖漿。
5. 圓形慕斯圈的底部先放入一片巧克力蛋糕片，將鮮奶油霜從中心向外畫圓，填滿整個平面。
6. 撒上切碎的糖漬栗子丁。

7. 重複上述步驟，鋪巧克力蛋糕片，擠鮮奶油霜，撒切碎的糖漬栗子丁。
8. 放上最後一片巧克力蛋糕片，用小支的蛋糕抹刀，將剩餘的鮮奶油霜塗抹在蛋糕頂面，邊緣留一圈不要塗抹。
9. 蒙布朗擠花嘴和擠花袋組裝好後，裝入栗子奶油餡。在 **8** 的表面，擠出同心圓形狀的栗子奶油餡。
10. 用椰子蛋白糖霜脆條（參照p.164）及糖漬栗子做裝飾。

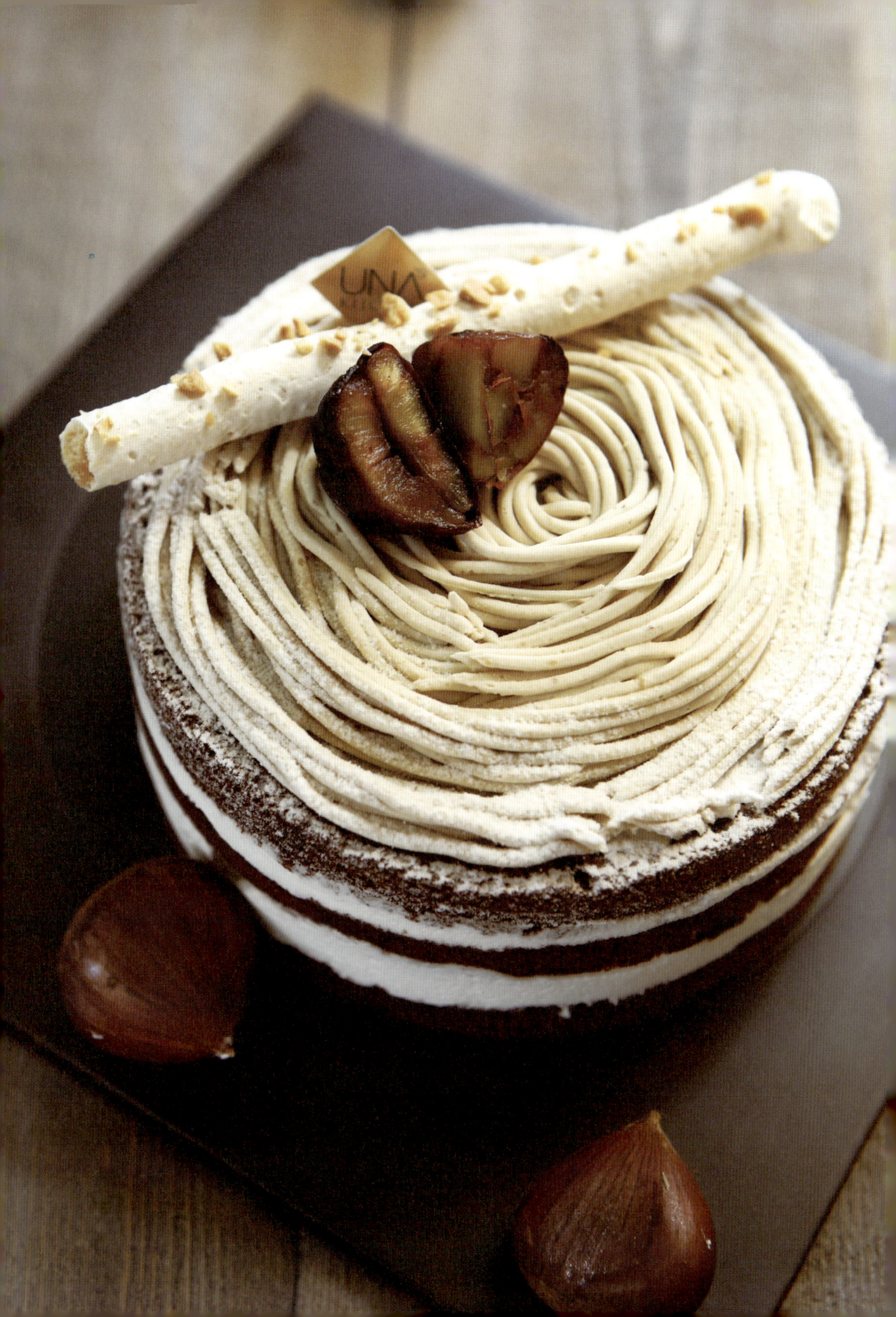

Cake 1-8 青蘋果蛋糕

許多人都很喜歡青蘋果製成的點心，
特別設計這道蛋糕食譜，不僅吃得到青蘋果的爽脆，酸甜香味，
隱約中還散發著一絲柚子香。

A 蘋果蛋糕基底

材料

✦ 直徑15cm圓形蛋糕模

◇ 雞蛋	80g
◇ 香草莢	1cm
◇ 砂糖	70g
◇ 芥花籽油	30g
◇ 低筋麵粉	110g
◇ 泡打粉	2g
◇ 小蘇打粉	2g
◇ 青蘋果	100g

1. 青蘋果切成0.5cm寬的細條。
2. 雞蛋、香草莢中的籽、砂糖拌勻後，隔水加熱，使蛋液維持在40℃左右，打發蛋液。
3. 持續用高速打發，直到蛋液變成蓬鬆綿密泡沫，顏色泛白。
4. 高速打發的過程中，分數次加入芥花油一起拌勻。

5 低筋麵粉、泡打粉、小蘇打粉一起過篩後,取一部分與蘋果條拌勻。
6 剩下的麵粉分次加入4中,輕柔地翻拌均勻。
7 將5加入6中一起拌勻。
8 烤模內鋪好烘焙紙,倒入麵糊,放入170℃的烤箱,烤25~30分鐘。

B 半乾燥蘋果

材料

◇ 青蘋果	80g
◇ 砂糖	24g
◇ 檸檬汁	5g

1 青蘋果切成2cm大小的蘋果丁。
2 蘋果丁中加入砂糖及檸檬汁拌勻,放入100℃的烤箱,烤30分鐘。(呈半乾燥狀態。)
3 溫度降至室溫時,放入調理機中攪碎。

青蘋果蛋糕 | 061

蘋果奶油乳酪餡

材料

- 常溫奶油乳酪　　120g
- 柚子醬　　　　　15g
- 糖粉 Ⓐ　　　　　10g
- 冷藏鮮奶油　　　160g
- 糖粉 Ⓑ　　　　　10g
- 蘭姆酒　　　　　5g
- 半乾燥蘋果　　　70g

1. 奶油乳酪放入調理盆中，用打蛋器先打軟。
2. 加入柚子醬、糖粉Ⓐ後，用打蛋器攪拌至質地柔順。
3. 鮮奶油中加入糖粉Ⓑ、蘭姆酒，打發成9分發鮮奶油霜。
4. 將**3**分成2~3次拌入**2**中，攪拌均勻。
5. 最後將烤過並打碎的半乾燥蘋果加入**4**中拌勻即完成。

D 糖漬蘋果片

材料

- 水　　　　100g
- 砂糖　　　125g
- 青蘋果　　1顆

1. 蘋果刨成每面2mm的薄片。
2. 鍋中放入水和砂糖，開火將糖水煮沸並濃縮成糖漿。
3. 蘋果片放入 **2** 中浸泡30分鐘。
4. 撈出蘋果片，放入烤箱，以60℃低溫乾燥3小時。

E 完成

1. 充分冷卻好的蘋果蛋糕基底橫切成3片，每片厚度各1.5cm。

2. 蘋果蛋糕片依序重疊在蛋糕裝飾轉盤上，並用蛋糕抹刀在每層蛋糕片之間均勻抹上蘋果奶油乳酪餡。

3. 最後以糖漬蘋果片裝飾。

Tip

- 適合烘焙用的蘋果有青蘋果和紅玉兩個品種，富士蘋果直接吃很好吃，但加熱後水分會大量流失，口感變差，所以不適合用來製作甜點。

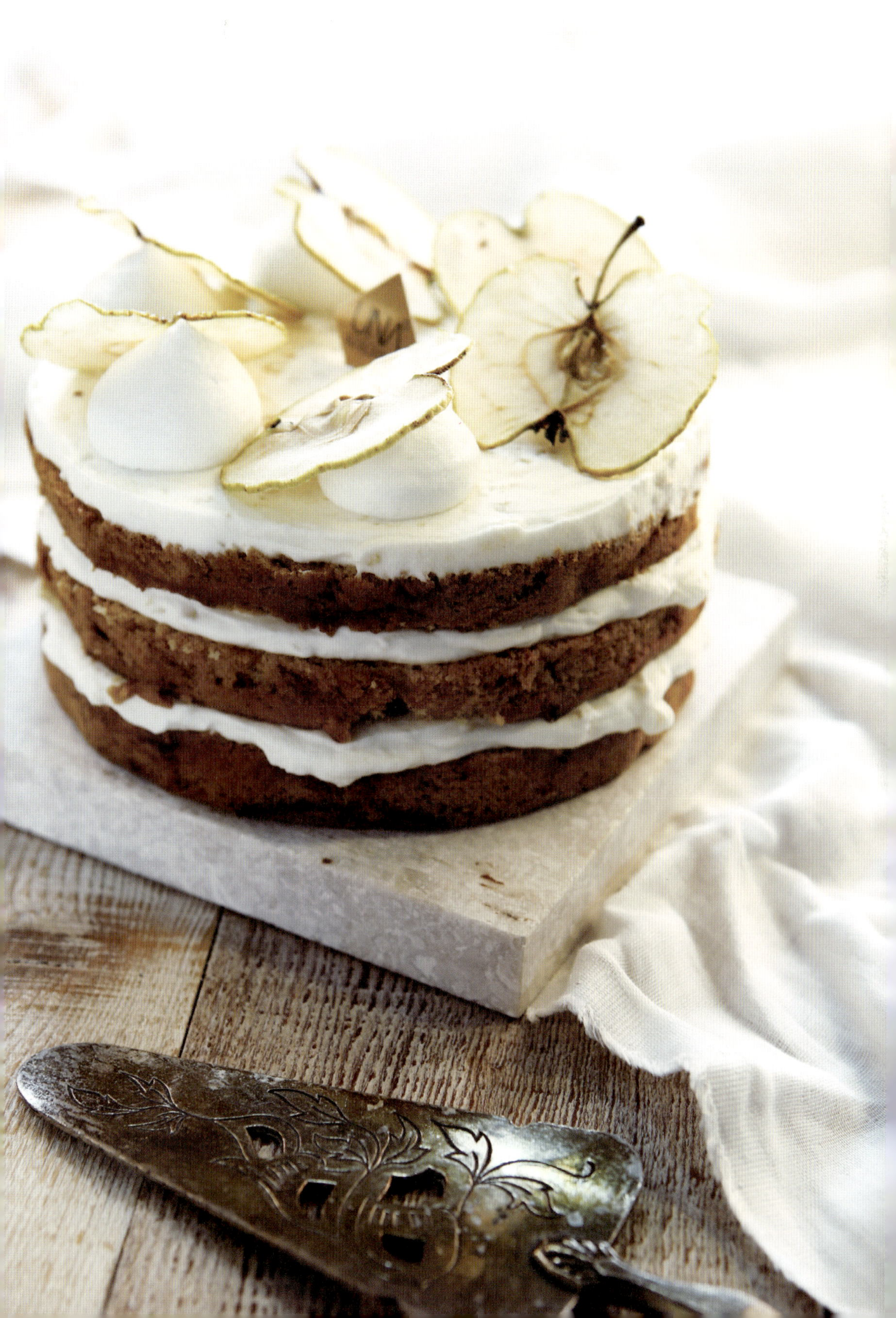

Cake 1-9 核桃楓糖戚風蛋糕

戚風蛋糕不添加奶油，少了奶油的味道，更能突顯出楓糖和核桃的味道及深度。
這道食譜不用鮮奶油霜裝飾，改用黑糖淋面醬做裝飾，味道更清爽。

戚風蛋糕基底

材料

✦ 直徑17cm、高8cm戚風蛋糕模

◇ 蛋黃	40g
◇ 砂糖 Ⓐ	20g
◇ 未精製黑糖	20g
◇ 楓糖	16g
◇ 鹽	0.5g
◇ 芥花籽油	44g
◇ 水	60g
◇ 蛋白	112g
◇ 砂糖 Ⓑ	52g
◇ 低筋麵粉	112g
◇ 碎核桃	100g

1. 戚風蛋糕模表面噴滿水珠後，放入冰箱冷凍室，使用前再取出。
2. 蛋黃、砂糖Ⓐ、黑糖、楓糖、鹽放入調理盆一起打發。
3. 打發時，隔水加熱，使蛋液維持在40℃左右，打發至蛋液變成淺黃色。
4. 芥花籽油和水加入 3 中，高速打發，使油和水充分融入蛋液中。
5. 蛋白放入另一個調理盆，分2次放入砂糖Ⓑ，打發成9分發蛋白霜。
6. 低筋麵粉篩入4中，翻拌均勻。
7. 將 5 的蛋白霜分2次拌入 6 中。

8 放入烘烤過的碎核桃，輕柔攪拌均勻。（參照p.68 Tip）

9 完成的麵糊倒入戚風蛋糕模中，用木筷調整，使麵糊均勻分布，放入160℃的烤箱，烤35~40分鐘。

10 從烤箱中取出後，馬上將烤模倒扣，並用冷抹布覆蓋在烤模底部，幫助降溫。

11 蛋糕充分冷卻後，用蛋糕抹刀沿著烤模內緣刮一圈，使蛋糕脫膜。

B 黑糖淋面醬

材料

◇ 奶油	35g
◇ 未精製黑糖	85g
◇ 牛奶	45g
◇ 糖粉	90g

1 奶油、黑糖、牛奶放入鍋中，用中火煮至融化。

2 黑糖融化後，再繼續煮1分鐘。

3 將2倒入調理盆，篩入糖粉，用打蛋器拌勻。

核桃楓糖戚風蛋糕

Tip

- 烘焙用的核桃，若直接使用的話，很容易有苦味，必須做一些事前處理。
- 核桃倒入沸水中滾5分鐘後撈起，放入冷水中搓洗，去除表面的白膜。再用流動的清水洗淨撈起，平鋪開來晾乾。最後放入170℃的烤箱，烤10分鐘。

完成！

材料

◇ 碎核桃　　100g

1. 淋面醬完成後，趁熱淋在戚風蛋糕表面。
2. 淋面醬凝固前，將核桃排列在蛋糕邊緣裝飾。

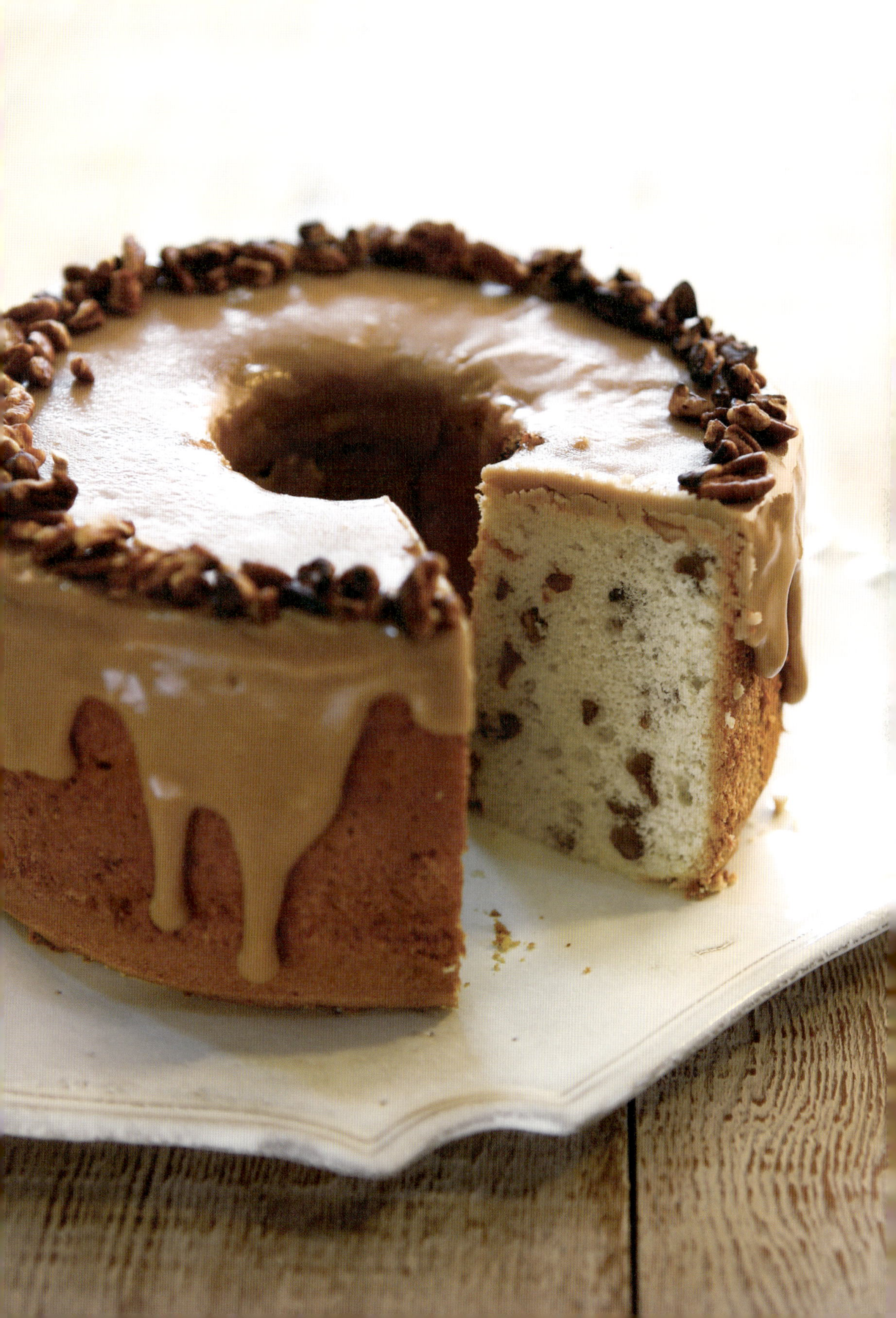

Cake 1-10

卡蒙貝爾乳酪蛋糕

卡蒙貝爾乳酪有股特別的刺激性氣味,很多人不敢直接吃,但是製作成蛋糕後,味道變得很柔和,口感更是一級棒,也很適合做成冰淇淋食用。

A 巧克力酥粒基底

材料〔份量7個〕

材料	份量
◊ 低筋麵粉	50g
◊ 杏仁粉	10g
◊ 可可粉	15g
◊ 砂糖	30g
◊ 鹽	0.5g
◊ 泡打粉	1g
◊ 冷藏奶油	40g

1. 低筋麵粉、杏仁粉、可可粉、砂糖、鹽、泡打粉一起過篩後,放入冷藏奶油,用刮板反覆切割成細小粉粒狀。

2. 以反覆壓切奶油的方式,使麵粉與奶油混合均勻後,用手輕輕搓揉成較大的酥粒狀,變成巧克力酥粒。

3. 放入冰箱冷藏,鬆弛30分鐘後,平鋪在烤盤上,放入170℃的烤箱,烤10~15分鐘。(烤7分鐘後,將巧克力酥粒攪拌一下,再繼續烘烤。)

B 卡蒙貝爾乳酪餡

材料

◇ 卡蒙貝爾乳酪	160g
◇ 原味優格	45g
◇ 糖粉 Ⓐ	25g
◇ 香草莢	1cm
◇ 吉利丁片	5g
◇ 冷藏鮮奶油	90g
◇ 糖粉 Ⓑ	20g
◇ 蘭姆酒	5g
◇ 檸檬汁	5g

1. 吉利丁片用冰水浸泡10分鐘。
2. 卡蒙貝爾乳酪、優格、糖粉Ⓐ、香草莢中的籽放入調理盆，用打蛋器攪拌成滑順的乳霜狀。
3. 將2用濾網過濾。
4. 泡好的吉利丁片放入微波爐中加熱5秒，使其融化後，倒入3中拌勻。
5. 取另一個調理盆將鮮奶油、糖粉Ⓑ、蘭姆酒、檸檬汁，打發成7分發鮮奶油霜後，分次拌入4中。

⌒ 完成！

材料

✦ 直徑7cm、
高2.5cm矽膠
圓形杯烤盤

1. 在每格圓形烤模底部鋪上2mm厚的巧克力酥粒，並用手壓緊實。
2. 卡蒙貝爾乳酪餡裝入擠花袋內，再擠入每格烤模內，約9分滿，只需保留上方約5mm的空間即可。
3. 放入冰箱冷凍15分鐘，表面稍為凝固後，用剩餘的巧克力酥粒鋪滿內餡表面，並用手壓緊實。
4. 放入冰箱冷凍2小時，使其完全凝固。

Tip

・卡蒙貝爾乳酪的表皮較硬，使用前可先放入調理機中打碎，口感會更加柔順。

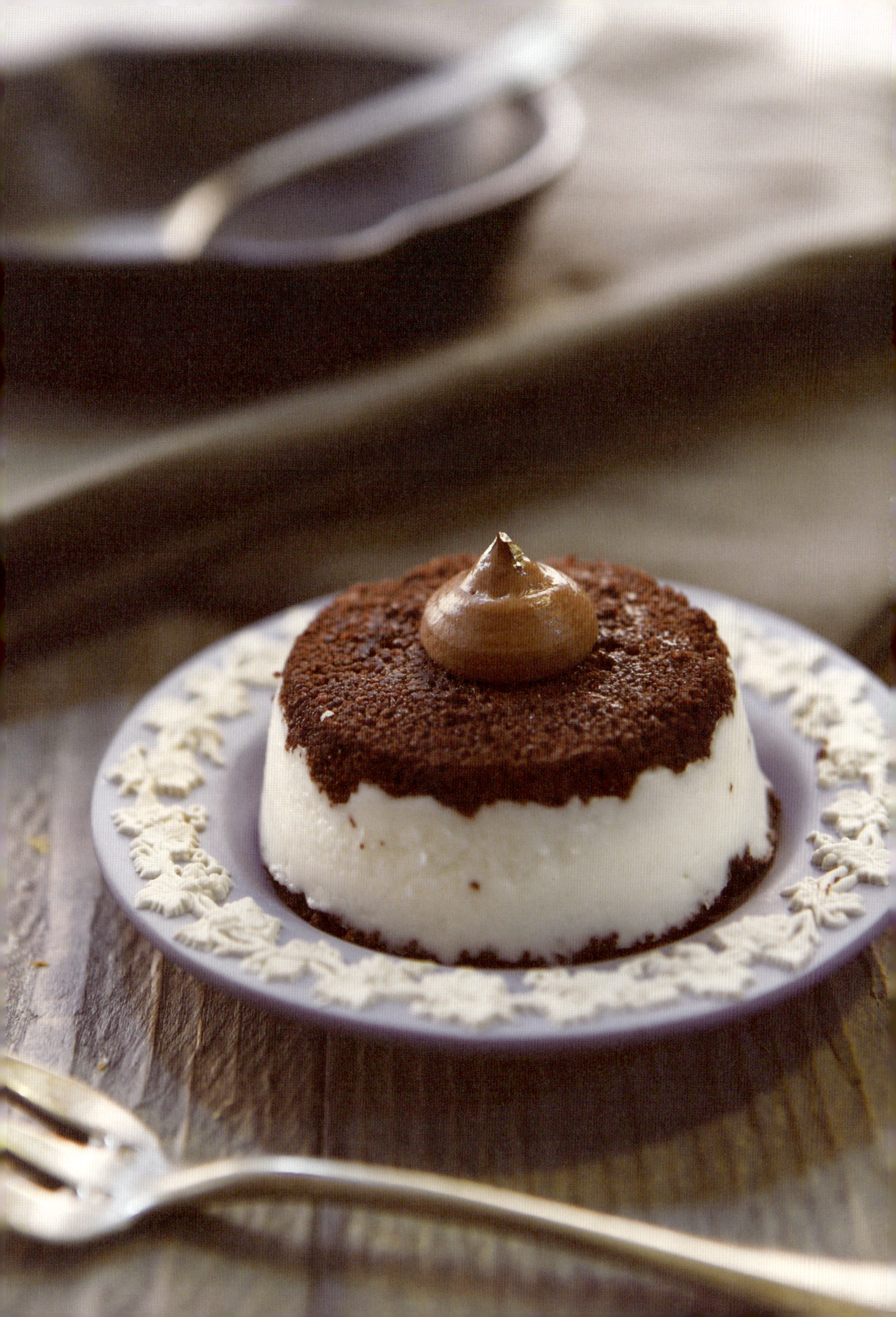

紅柿迷你蛋糕

Cake 1-11

這道甜點應該是年長者都會喜歡的口味。
微涼的秋季，做一些紅柿迷你蛋糕送給至親好友如何？

A 紅柿馬斯卡邦乳酪餡

材料〔份量8個〕

✦ 直徑6.5cm、高2cm 矽膠甜甜圈烤盤

材料	份量
◇ 紅柿	75g
◇ 馬斯卡邦乳酪	52g
◇ 原味優格	17g
◇ 吉利丁片	4g
◇ 冷藏鮮奶油	92g
◇ 糖粉	23g
◇ 柿乾	46g
◇ 蘭姆酒	5g

1　吉利丁片用冰水浸泡10分鐘。

2　柿乾切成小丁狀。

3　紅柿去皮，壓成泥後，用濾網過濾。

4　紅柿果泥中加入馬斯卡邦乳酪，用打蛋器打軟後，加入優格拌勻。

5　泡好的吉利丁片放入微波爐加熱，使其融化後，拌入**4**中。

6　取另一個調理盆，將鮮奶油、糖粉打發成7分發鮮奶油霜後，分次拌入**5**中。

7. 加入切碎的柿乾攪拌一下，再加入蘭姆酒一起攪拌均勻。
8. 紅柿馬斯卡邦乳酪餡裝入擠花袋內，再注入矽膠甜甜圈烤盤中，用抹刀將表面抹平。
9. 放入冰箱冷凍2~3小時，使其完全凝固。

B 手指餅乾基底

材料

- 1cm圓形擠花嘴、6.5cm圓形烤模

◇ 蛋白	45g
◇ 砂糖	30g
◇ 蛋黃	22g
◇ 低筋麵粉	30g

1. 砂糖分次加入蛋白中，打發成9分發蛋白霜。
2. 加入蛋黃，稍微攪拌，呈現大理石般的紋路。
3. 篩入低筋麵粉，輕柔攪拌均勻。
4. 1cm圓形擠花嘴和擠花袋組裝在一起，裝入麵糊，在烘焙紙上擠出長25cm、寬20cm的平面。
5. 放入180℃的烤箱，烤8~10分鐘，表面呈現金黃色。
6. 冷卻後，用圓形烤模將手指餅乾基底壓出每個直徑6.5cm的圓形。

紅柿迷你蛋糕 | 075

C 紅柿果醬

材料

◇ 紅柿　　　　　50g
◇ 吉利丁片　　　 1g

1　紅柿放入調理機中打成泥。
2　吉利丁片充分浸泡好後，加熱融化，拌入1中。
3　裝入擠花袋內。

D 完成！

材料

◇ 切碎的柿乾　　少許

1　紅柿馬斯卡邦乳酪餡（慕斯）充分冷凍凝固後，從矽膠烤模中取出。
2　脫膜的慕斯放在壓成圓形的手指餅乾基底上。
3　紅柿果醬填入中間凹槽。
4　切碎的柿乾放在紅柿果醬中央做裝飾。

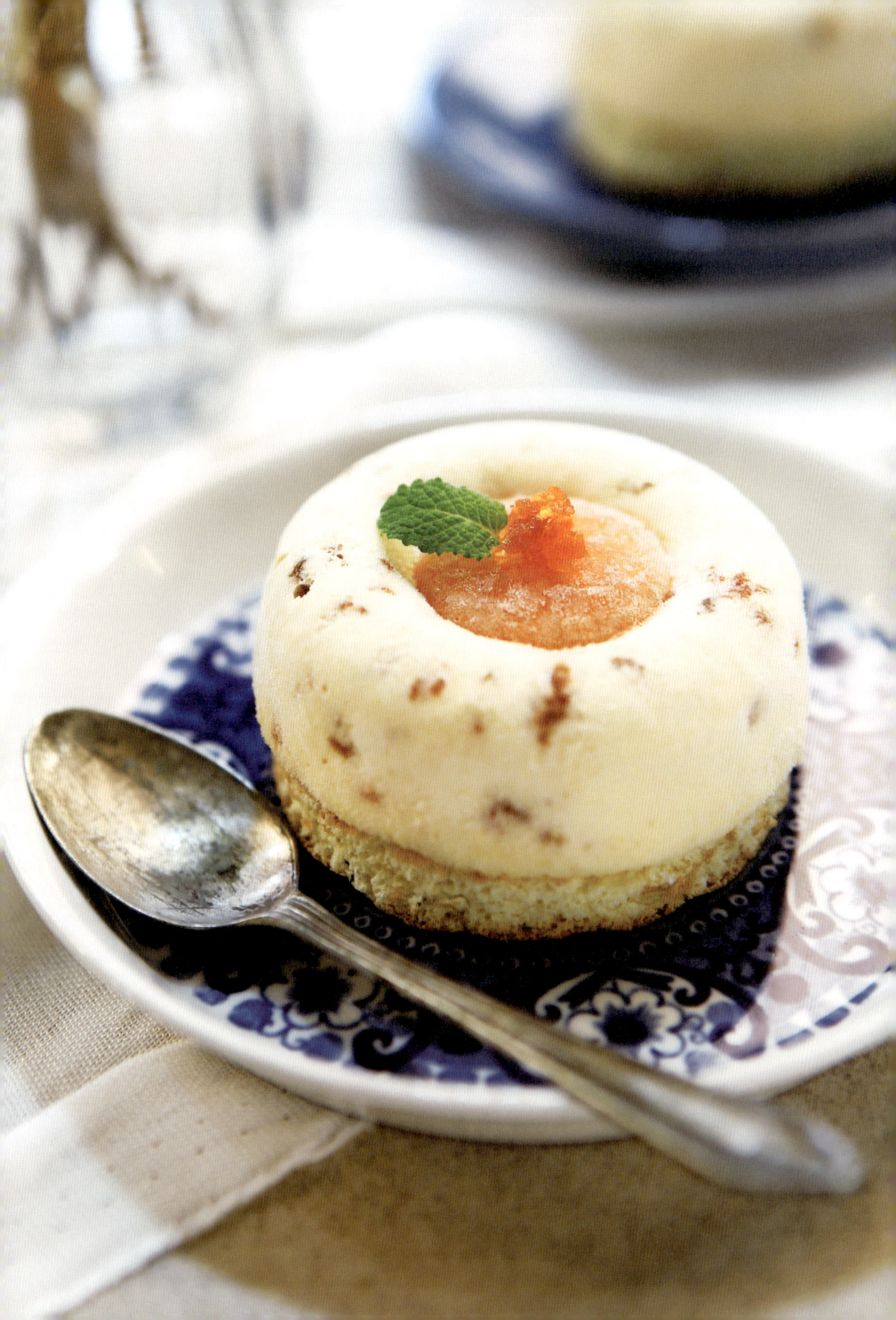

Part 2
Pie & Tart

BAKING RECIPE

美得像畫一樣的
派＆塔

Pie & Tart 2-1　藍莓馬斯卡邦乳酪派

這道食譜除了藍莓之外，也可以用當季盛產的水果替代，例如：春天的草莓、覆盆子；夏天的水蜜桃；秋天的無花果；冬天的橘子。

A 黑麥派皮

材料

✦ 直徑20cm、高2cm派盤

◇ 低筋麵粉	76g
◇ 黑麥麵粉	27g
◇ 泡打粉	1g
◇ 砂糖	22g
◇ 鹽	1g
◇ 冷藏奶油	45g
◇ 牛奶	10g
◇ 雞蛋	10g

1. 低筋麵粉、黑麥麵粉、泡打粉、砂糖、鹽過篩後，放入冷藏的冰奶油。
2. 用刮板反覆切割奶油，使其變成細小粉粒狀。
3. 用手輕輕搓揉成較大的酥粒狀後，加入牛奶和雞蛋攪拌均勻。
4. 將3倒在麵團發酵布上，揉成一個麵團。
5. 麵團擀開成3mm厚的派皮，鋪入派盤中，用手按壓派皮，使其與派盤緊密貼合。
6. 用擀麵棍在派盤上滾一下，去掉多餘的派皮，再用手將邊緣的派皮修飾工整。
7. 使用叉子在派皮底部戳出許多細密的小洞。
8. 鋪上烘焙紙和重石，放入170℃的烤箱，烤15分鐘。
9. 拿掉重石，再烤15~20分鐘。

藍莓馬斯卡邦乳酪派 | 081

B 馬斯卡邦乳酪餡

材料

◇ 馬斯卡邦乳酪	95g
◇ 糖粉	28g
◇ 吉利丁片	4g
◇ 冷藏鮮奶油	190g
◇ 蘭姆酒	4g

1. 吉利丁片用冰水浸泡10分鐘。
2. 用打蛋器將馬斯卡邦乳酪打軟，加入糖粉，打發成柔順乳霜狀。
3. 泡軟的吉利丁片放入微波爐加熱5秒，使其融化後，倒入 **2** 中，快速拌勻。
4. 奶油中加入蘭姆酒，打發成9分發鮮奶油霜後，加入 **3** 中，快速拌勻。

C 完成！

材料

◇ 藍莓	60g

1. 馬斯卡邦乳酪餡裝入擠花袋內，填入冷卻的黑麥派皮中。
2. 使用小支的蛋糕抹刀，將乳酪餡抹整成表面平滑的圓弧形。
3. 放上藍莓裝飾。

Tip

- 黑麥麵粉不容易吸收水分，所以製作黑麥派皮時要充分搓揉，直到表面變得光亮。如果搓揉不充分，烘烤時可能會產生裂痕。

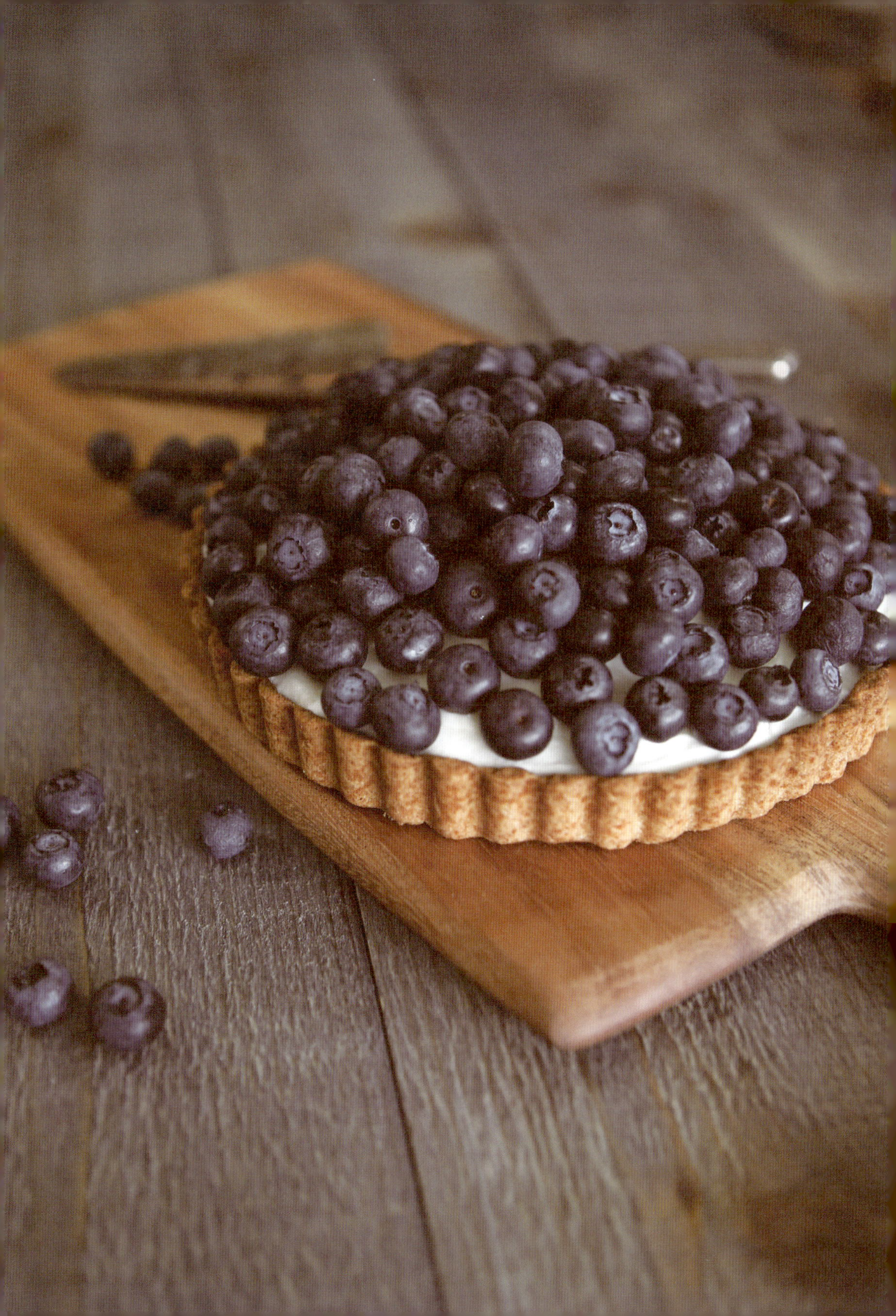

Pie & Tart 2-2

無花果卡士達派

A 開心果派皮

材料

✦ 直徑15cm、高2.6cm
　圓形慕斯圈

◇ 低筋麵粉	88g
◇ 開心果	16g
◇ 砂糖	8g
◇ 鹽	1g
◇ 冷藏奶油	36g
◇ 檸檬皮末	2g
◇ 雞蛋	28g

1　開心果放入調理機，打碎成粉末狀。

2　低筋麵粉、打碎的開心果粉末、砂糖、鹽一起過篩。

3　冷藏的冰奶油放入 2 中，用刮板反覆切成細小粉粒狀。

4　用手輕輕搓揉成較大的酥粒狀後，加入檸檬皮末和雞蛋攪拌均勻。

5　將 4 倒在麵團發酵布上，揉成一個麵團。

6　麵團擀成3mm厚的派皮，慕斯圈放在鋪好烘焙紙的烤盤上，鋪入派皮，用手按壓派皮，使其與慕斯圈緊密貼合。

7　用擀麵棍在慕斯圈上滾一下，裁掉多餘的派皮，用手將邊緣的派皮稍微修飾工整。

8　派皮用叉子戳洞，鋪上烘焙紙和重石，放入170℃的烤箱，烤15分鐘。

9　拿掉重石，再烤15~20分鐘。

B　無花果卡士達餡

材料

◇ 牛奶	150g
◇ 香草莢	2cm
◇ 蛋黃	30g
◇ 砂糖	27g
◇ 玉米澱粉	9g
◇ 蘭姆酒	5g
◇ 常溫奶油	40g

1　牛奶倒入鍋中，加熱至90℃。

2　蛋黃、香草莢中的籽、砂糖放入調理盆，用打蛋器持續打發至蛋液變成淺黃色。

3　篩入玉米澱粉，用打蛋器拌勻。

無花果卡士達派

4　一邊攪拌，一邊慢慢加入熱牛奶。

5　將4倒入鍋中加熱，持續地快速攪拌，避免燒焦。

6　鍋子中央開始冒泡時，關火，倒入調理盆中，靜置冷卻。

7　冷卻的6中加入蘭姆酒及奶油，攪拌均勻。

完成！

材料

◇ 切碎的半乾燥無花果　　40g
◇ 新鮮無花果　　　　　　3顆

1　無花果卡士達餡裝入擠花袋。開心果派皮充分冷卻後，在派皮內撒上切碎的半乾燥無花果，再填入無花果卡士達餡。

2　使用小支的蛋糕抹刀，將卡士達餡塗抹平整。

3　新鮮無花果切塊裝飾。

Tip

・無花果卡士達餡的水分較多，派皮很容易變濕，卡士達餡也只能冷藏保存，所以完成後盡量在一天內食用完畢。

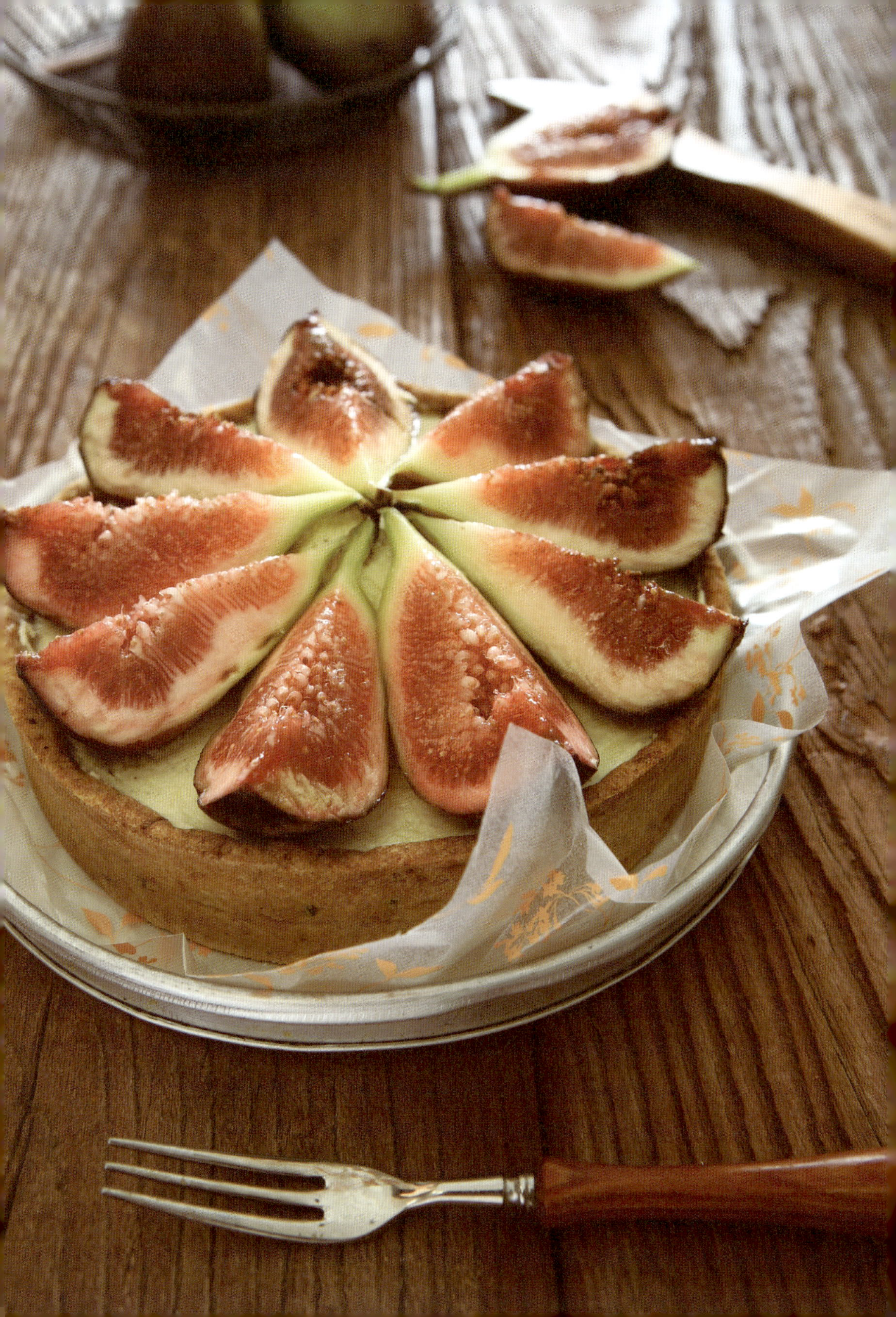

Pie & Tart 2-3　馬賽克蘋果派

A 法式千層派皮（feuilletage）

材料

◇ 高筋麵粉	64g
◇ 低筋麵粉	64g
◇ 鹽	1g
◇ 冷藏奶油	104g
◇ 冷水	64g

1　高筋麵粉、低筋麵粉、鹽一起過篩。

2　冰奶油切成1cm大小的方塊。

3　將2的奶油放入1中，用手輕輕翻拌，讓每顆奶油都均勻裹上麵粉。

4　在3中間挖洞，倒入冷水，搓揉成鬆散的麵團。過程中，若感覺奶油快要融化，要趕快放入冰箱冷凍，使其冷硬再繼續操作。

5　將4倒入發酵布上，隔著布按壓，使麵團變緊實，並整形成四方形。

6　麵團擀成長寬3：1且厚度均一的長方形後，折成3折，放入冰箱冷藏，鬆弛30分鐘。（3折1次）

7　鬆弛好後，麵團的方向轉90度，重複 6 的步驟，放入冰箱冷藏，鬆弛30分鐘。
（3折2次）

8　總共要做3折6次。
（做好的麵團可以放在冰箱冷凍保存1個月。）

B 蘋果前置作業

材料

◇ 青蘋果或紅玉蘋果	2顆半
◇ 奶油	40g

1　蘋果去芯後削皮。

2　用刨片工具將蘋果刨成2~3mm厚的半圓形薄片。

3　奶油切成小丁狀。

C 焦糖醬

材料

◇ 砂糖	40g
◇ 奶油	22g
◇ 鹽	1g
◇ 鮮奶油	45g

1　砂糖倒入銅鍋，煮滾後，繼續熬煮成咖啡色焦糖。

2　關火後，加入奶油、鹽拌勻。

3　鮮奶油加熱，倒入 2 中拌勻，再重新開火煮至沸騰。

馬賽克蘋果派

D 完成！

1. 法式千層派皮麵團做好後，擀成厚4~5mm、長30cm、寬20cm的派皮。
2. 用叉子在派皮表面戳滿小洞。
3. 切好的蘋果片一層一層疊在派皮上。
4. 放上奶油丁；派皮邊緣向內折成圍邊。
5. 放入180℃的烤箱，烤35分鐘，表面變得金黃酥脆。
6. 取出派皮，塗上焦糖醬後，再放回烤箱烤5分鐘。

Tip

‧蘋果選用青蘋果或紅玉這兩個品種為佳，若改用水分較多的富士蘋果，烘烤時，水分流出，派皮就會變濕，變軟爛。

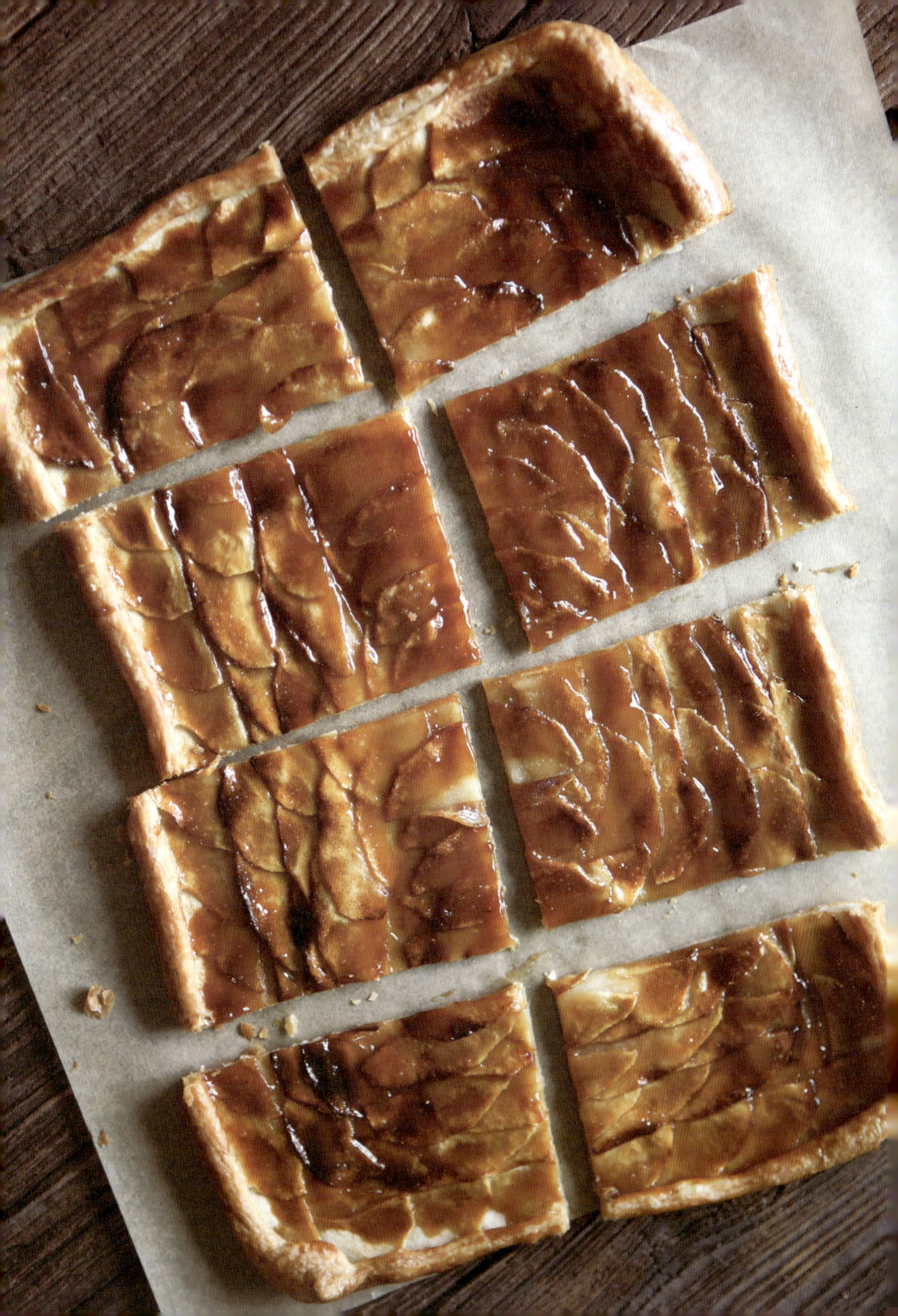

Pie & Tart 2-4

恩加丁核桃派

🅐 奶油酥餅派皮

材料

+ 直徑20cm、高2cm 派盤

◇ 低筋麵粉	165g
◇ 泡打粉	1g
◇ 砂糖	35g
◇ 鹽	1g
◇ 冷藏奶油	90g
◇ 雞蛋	25g
◇ 蛋液	15g

1. 低筋麵粉、泡打粉、砂糖、鹽一起過篩。
2. 冰奶油放入**1**中,用刮板反覆切成細小粉粒狀。
3. 用手輕輕搓揉成較大的酥粒狀後,加入雞蛋攪拌均勻。
4. 將**3**倒在麵團發酵布上,揉成一個麵團。
5. 麵團分成2個重量各為170g和140g的小麵糰,放入冰箱冷藏,鬆弛30分鐘。
6. 170g麵團擀成3mm厚的派皮,鋪入派盤中,用手按壓派皮,使其與派盤緊密貼合。
7. 用擀麵棍在派盤上滾一下,裁掉多餘的派皮,用手將邊緣的派皮稍微修飾工整。

8 用叉子在派皮上戳洞後，放入冰箱冷藏，鬆弛10分鐘。

9 鋪上烘焙紙和重石，放入170℃的烤箱，烤15分鐘。

10 拿掉重石，刷上蛋液，再烤5分鐘。

B 堅果餡

材料

◇ 鮮奶油	72g
◇ 果糖	17g
◇ 蜂蜜	17g
◇ 砂糖	77g
◇ 杏仁片	30g
◇ 葵瓜子	15g
◇ 胡桃碎	38g
◇ 榛果粒	38g
◇ 奶油	17g

1 鮮奶油、果糖、蜂蜜放入鍋中，煮至沸騰。

2 砂糖分次放入銅鍋中，用小火，煮成焦糖色。

3 關火，將煮滾的1慢慢倒入2中，一邊攪拌。

4 堅果和奶油放入3中攪拌均勻，靜置放涼。

恩加丁核桃派

完成！

材料

◇ 蛋液　15g

1. 冷卻的堅果餡倒入經過第一次烘烤好的奶油酥餅派皮中，鋪平。
2. 充分鬆弛好的140g麵團擀成3mm厚的派皮。
3. 在1的派皮邊緣刷上蛋液。
4. 將2鋪蓋在3上面，用手指按壓派盤邊緣，使派皮黏合並切除多餘的派皮。
5. 派皮表面刷上蛋液，用叉子劃出紋路做裝飾。
6. 放入170℃的烤箱，烤30~35分鐘。

Tip

- 恩加丁核桃派是源自瑞士的恩加丁小鎮，這個小鎮以盛產優質核桃及精湛的糖果工藝聞名，其特殊又美味的核桃派做法也在全世界廣為流傳。在這道食譜中，除了核桃以外，還加了許多種類的堅果，製作時也可以依照個人喜好，變換成不同的堅果或果乾。

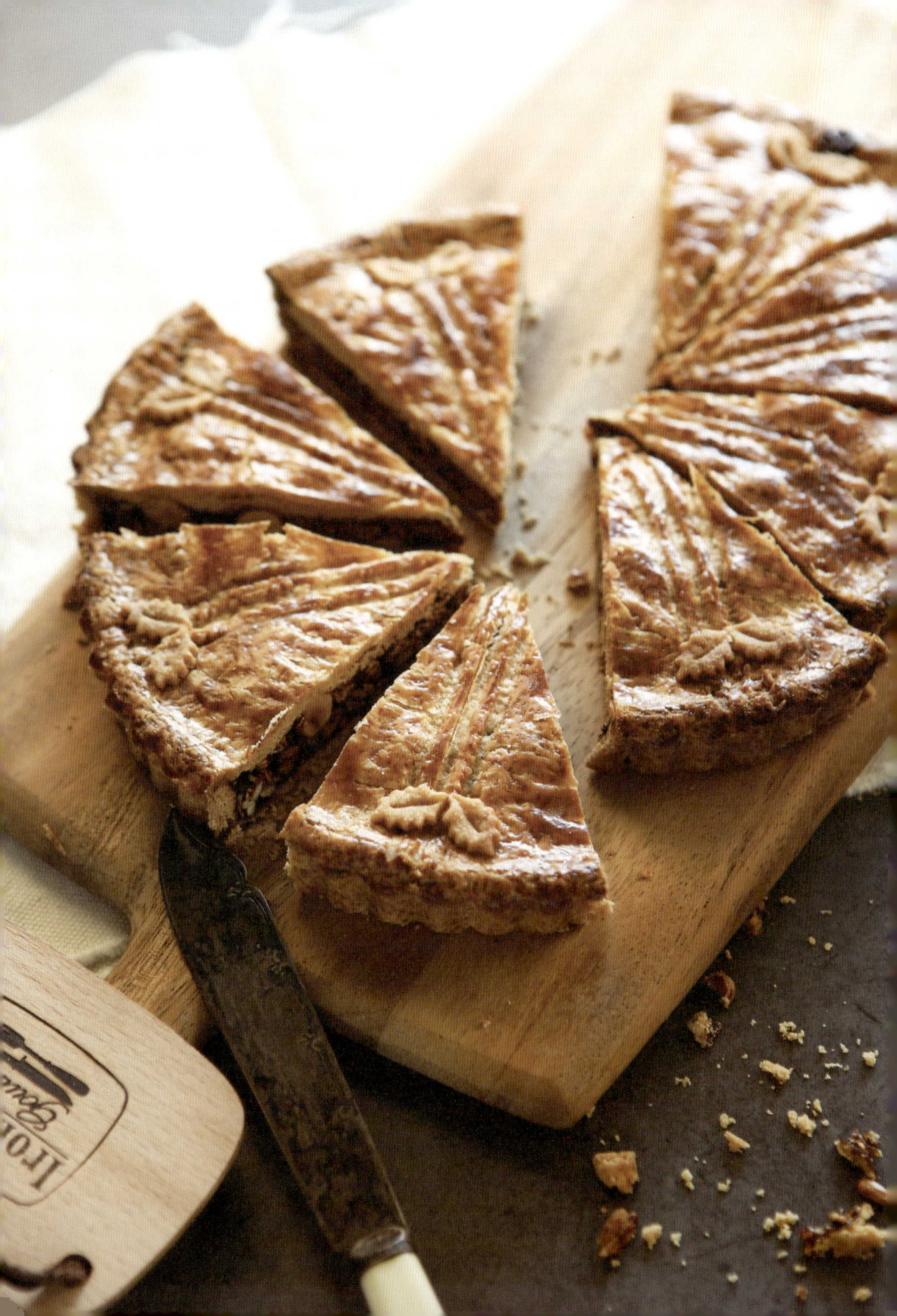

Pie & Tart 2-5

柳橙酥粒塔

柳橙是四季都吃得到的水果，也是烘焙課很常用到的水果。
在小巧的塔皮內，填入柳橙杏仁奶油餡，再撒上酥粒，
放入烤箱烘烤，就完成這道美味可口的點心了。

A 法式鹹塔皮

材料

+ 直徑8cm、高1.5cm塔模7個
+ 直徑9cm齒狀餅乾壓模

◇ 低筋麵粉	108g
◇ 砂糖	3g
◇ 鹽	1g
◇ 冷藏奶油	81g
◇ 牛奶	22g
◇ 蛋黃	4g

1　低筋麵粉、砂糖、鹽一起過篩。

2　冰奶油放入1中，用刮板反覆切成細小粉粒狀。

3　用手輕輕搓揉成較大的酥粒狀後，加入牛奶、蛋黃攪拌均勻。

4　將3倒在麵團發酵布上，揉成一個麵團，放入冰箱冷藏，鬆弛30分鐘。

5　麵團擀開成3mm厚的塔皮，用齒狀餅乾壓模在塔皮上壓出7片圓形塔皮。

6　圓形塔皮鋪入塔模中，按壓使其緊密貼合。

7　用叉子戳洞，鋪上烘焙紙及重石，放入170℃的烤箱，烤10分鐘。

8　拿掉重石，再烤5~7分鐘。

B 柳橙杏仁奶油餡

材料

✦ 所有食材為常溫狀態

◇ 奶油	60g
◇ 砂糖	50g
◇ 雞蛋	50g
◇ 杏仁粉	90g
◇ 玉米澱粉	7g
◇ 君度橙酒	5g
◇ 柳橙汁	12g
◇ 柳橙皮末	13g

1. 柳橙用小蘇打粉水浸泡12小時後,清洗乾淨。
2. 擦乾柳橙表面的水氣後,刨下表皮,成為柳橙皮末。
3. 用榨汁器,榨取柳橙汁。
4. 奶油打軟後,加入砂糖攪拌均勻。
5. 分三次加入雞蛋液,用打蛋器充分攪拌,使蛋液完全融合。
6. 加入杏仁粉、玉米澱粉拌勻後,再加入君度橙酒、柳橙汁、柳橙皮末攪拌均勻。

柳橙酥粒塔 | 097

C 柳橙酥粒

材料

◇ 低筋麵粉	24g
◇ 砂糖	10g
◇ 冷藏奶油	12g
◇ 柳橙皮末	3g

1. 低筋麵粉、砂糖過篩，放入冰奶油，用刮板反覆切成細小粉粒狀。
2. 用手輕輕搓揉成較大的酥粒狀。
3. 加入柳橙皮末攪拌均勻。

D 完成！

材料

◇ 柳橙切片 4片（80g）

1. 柳橙杏仁奶油餡裝入擠花袋，將內餡填入烤好並充分冷卻的塔皮中。
2. 柳橙切成7mm厚的薄片，鋪在內餡表面，邊緣撒上柳橙酥粒。
3. 放入170℃的烤箱，烤20~25分鐘。

Tip

・新鮮柳橙片經過烘烤後，表面會變乾，烤好可以刷上杏桃果醬或糖漿，使表面變得有光澤，也更美味可口。

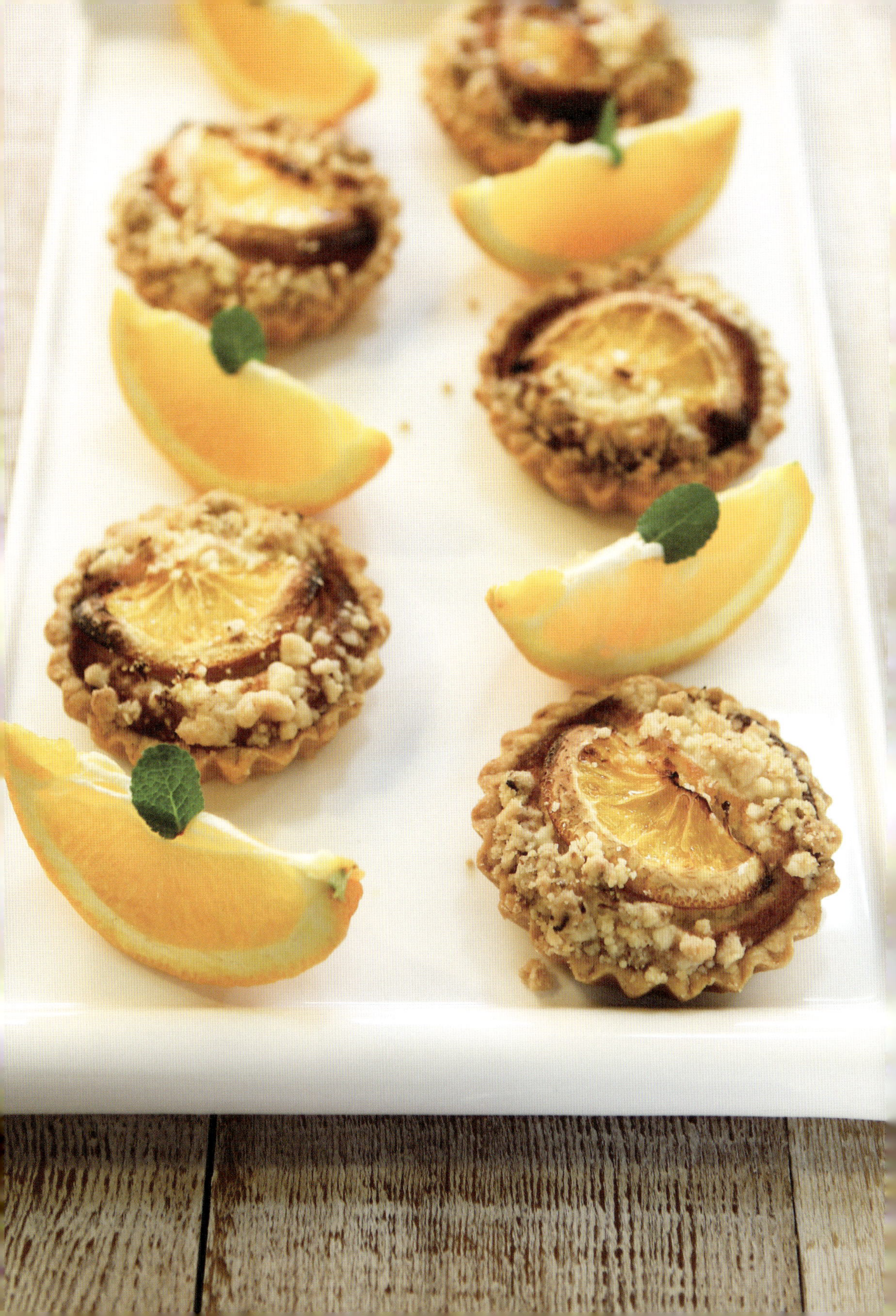

Pie & Tart 2-6

蘋果派

這是一道不喜歡吃派的人也會讚不絕口的美味蘋果派。
市售的蘋果派為了使口感酥脆，通常會加入乳瑪琳或起酥油，
這道食譜100%使用牛奶、奶油等天然食材製作，
不添加人造油脂，所以吃起來一點都不油膩。

A 法式千層派皮

材料〔份量6~8個〕

◇ 高筋麵粉	64g
◇ 低筋麵粉	64g
◇ 鹽	1g
◇ 冷藏奶油	104g
◇ 冷水	64g

1. 高筋麵粉、低筋麵粉、鹽一起過篩。
2. 冰奶油切成1cm大小的方塊。
3. 將 **2** 的奶油放入 **1** 中，用手輕輕翻拌，使每顆奶油都均勻裹上麵粉。
4. 在 **3** 中間挖洞，倒入冷水，搓揉成鬆散的麵團。
5. 將 **4** 倒在發酵布上，隔著布按壓，使麵團變緊實，並整形成四方形。

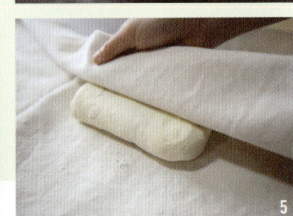

6　麵團擀成長寬3：1且厚度均一的長方形，折成3折，放入冰箱冷藏，鬆弛30分鐘。（3折1次）

7　鬆弛好後，麵團的方向轉90度，重複6的步驟後，放入冰箱冷藏，鬆弛30分鐘。（3折2次）

8　總共要做3折6次。（做好的麵團可以放在冰箱冷凍保存1個月。）

B 蘋果餡

材料

◇ 蘋果	230g
◇ 砂糖	58g
◇ 肉桂粉	4g
◇ 檸檬汁	10g

1　蘋果去皮後切成8等份，再切成約2mm厚的扇形片狀。

2　蘋果片、砂糖、肉桂粉、檸檬汁放入銅鍋中，熬煮至蘋果顏色變透明。（湯汁收乾狀態。）

蘋果派　｜　101

C 糖漿

材料

- 水　　50g
- 砂糖　75g

1. 蘋果去皮後切成8等份，再切成約2mm厚的扇形片狀。
2. 蘋果片、砂糖、肉桂粉、檸檬汁放入銅鍋中，熬煮至蘋果顏色變透明。（湯汁收乾狀態。）

D 完成！

材料

+ 直徑9cm齒狀餅乾壓模

- 蛋液　　20g

1. 千層派皮麵團用擀麵棍擀開成5mm厚平面。
2. 用直徑9cm齒狀餅乾壓模壓出數片圓形派皮，再擀成長寬約2：1的橢圓形。
3. 用蛋液塗刷 2 的半邊邊緣，呈U字形。中間放上冷卻的蘋果餡，將派皮對折。
4. 表面塗上蛋液，用刀子劃出紋路。
5. 放入200℃的烤箱，烤15分鐘後，將溫度降至160℃，再烤15分鐘。
6. 從烤箱中取出後，馬上在派皮表面塗上糖漿。

Tip

- 烤千層派皮做的點心時，烘烤的過程相當重要，溫度要夠高，而且要烤到表面呈金黃色，口感才會酥脆。糖漿要在蘋果派出爐後馬上塗刷，光澤度才會持久。

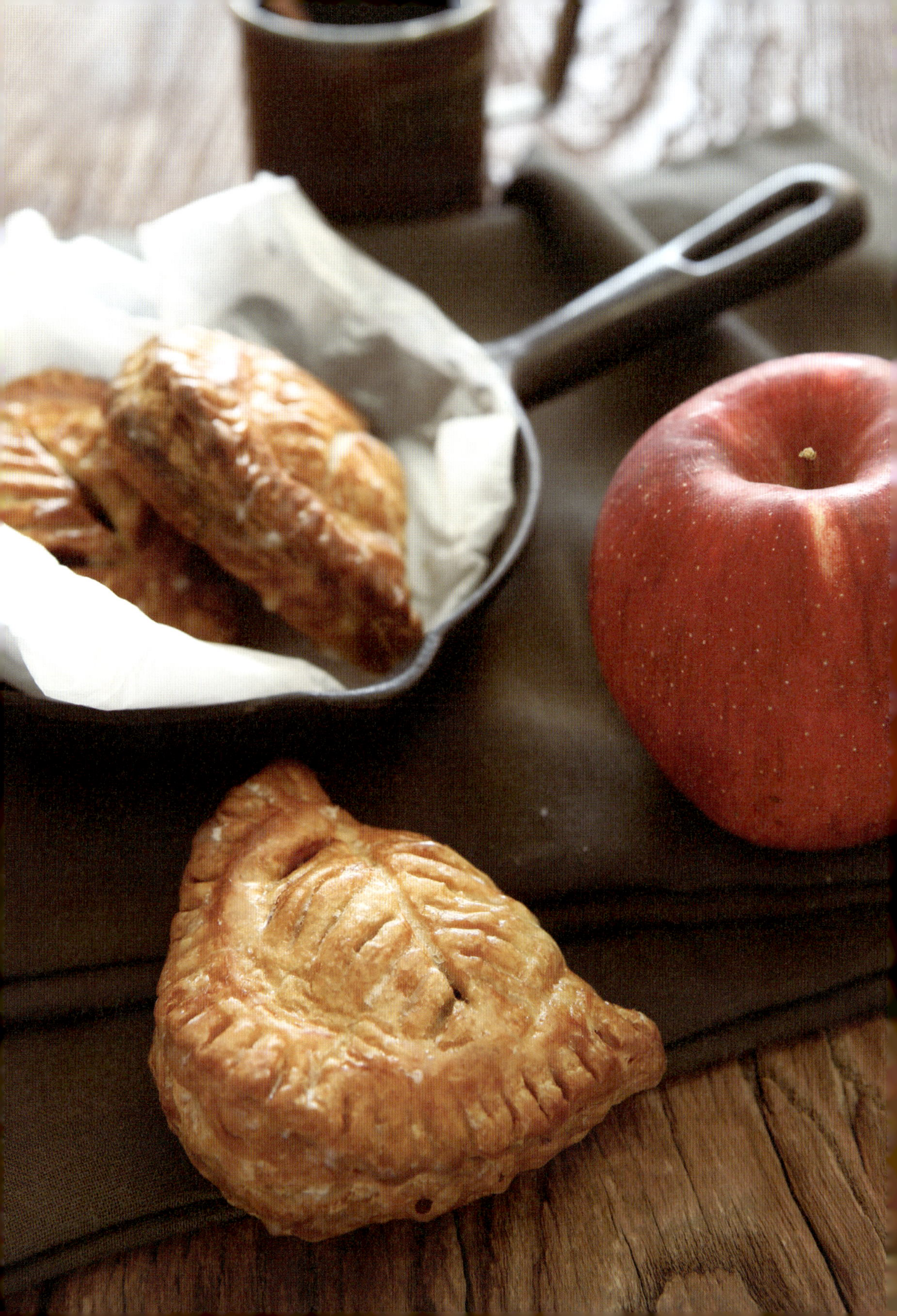

Pie & Tart 2-7

番茄大蒜鹹派

很多人不喜歡吃鹹派，因為覺得鹹派吃起來感覺很膩口，
其實改變一下填充的餡料和烘烤方式，鹹派也可以變得爽口美味。
烤過的大蒜加入鹹派中的美妙滋味，請你一定要品嘗看看。

A 法式千層派皮

材料〔份量9個〕

◇ 高筋麵粉	64g
◇ 低筋麵粉	64g
◇ 鹽	1g
◇ 冷藏奶油	104g
◇ 冷水	64g

1　高筋麵粉、低筋麵粉、鹽一起過篩。

2　冰奶油切成1cm大小的方塊。

3　將2的奶油放入1中，用手輕輕翻拌，使每顆奶油都均勻裹上麵粉。

4　在3中間挖洞，倒入冷水，搓揉成鬆散的麵團。

5　將4倒在發酵布上，隔著布按壓，使麵團變緊實，並整形成四方形。

6　麵團擀開成長寬3：1且厚度均一的長方形後，折成3折，放入冰箱冷藏，鬆弛30分鐘。（3折1次）

7　鬆弛好後，麵團的方向轉90度，重複6的步驟後，放入冰箱冷藏，鬆弛30分鐘。（3折2次）

8　總共要做3折6次。（做好的麵團可以放在冰箱冷凍保存1個月。）

B 蔬菜前置作業

材料

◇ 大蒜	20顆
◇ 小番茄	20顆
◇ 馬鈴薯	100g
◇ 紫洋蔥	50g
◇ 橄欖油、鹽、胡椒粉	少許

1. 大蒜放入180°C的烤箱，烤10分鐘。
2. 小番茄切對半，加入少許橄欖油、鹽、胡椒粉調味後，放入180°C的烤箱，烤20分鐘。
3. 馬鈴薯切成約1mm厚的小薄片。
4. 紫洋蔥切成小丁狀。

C 蛋奶液

材料

◇ 雞蛋	83g
◇ 牛奶	42g
◇ 鮮奶油	75g
◇ 帕馬森起士粉	10g
◇ 鹽	1g
◇ 胡椒粉	1g

1. 雞蛋、牛奶、鮮奶油放入調理盆中攪拌均勻。
2. 加入帕馬森起士粉、鹽、胡椒粉拌勻。

番茄大蒜鹹派

D 完成！

材料

✦ 12連馬芬蛋糕模（每格底部直徑5.5cm、高4.5cm）

◇ 蛋液　　　少許

1. 用擀麵棍將做好的派皮麵團擀開成2mm厚的平面，切成每片15×15cm大小的正方形。
2. 派皮鋪入烤模中，使派皮服貼在烤模內緣及底部，用叉子戳洞。
3. 鋪上烘焙紙和重石，放入180℃的烤箱，烤15~20分鐘。
4. 拿掉重石，刷上蛋液，再烤5分鐘。
5. 烤好的派皮冷卻後，放入事先處理好的蔬菜，再倒入蛋奶液，放入170℃的烤箱，烤20分鐘。

Tip

・鹹派烤太久的話，吃起來會很乾澀。好吃的鹹派拿在手上搖晃時，內餡會像布丁般晃動，此時外皮酥脆，內餡香濃滑順，是鹹派最佳的品嘗狀態。

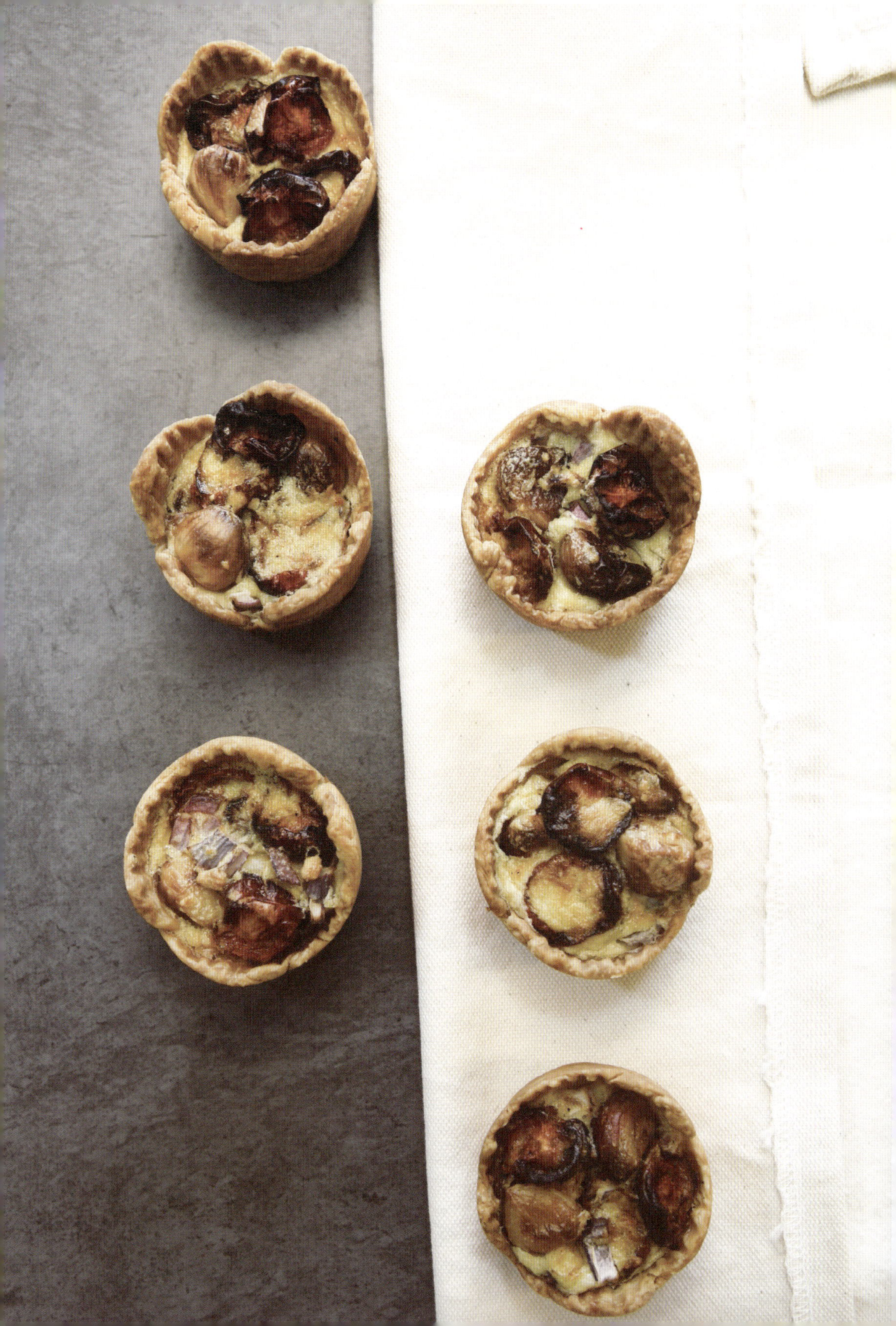

Pie & Tart 2-8

法式生巧克力塔

若你喜歡味道濃郁但帶點微苦的巧克力,強烈推薦這道食譜,使用了可可含量高達70%的Valrhona Guanaja黑巧克力,可以吃到香醇中帶點微苦的巧克力。

巧克力奶油酥餅派皮

材料

✦ 直徑10cm、高2.5cm 圓形慕斯圈

◇ 低筋麵粉	60
◇ 黑麥麵粉	30
◇ 可可粉	15
◇ 糖粉	35
◇ 泡打粉	1
◇ 鹽	1
◇ 冷藏奶油	50
◇ 雞蛋	23

1. 低筋麵粉、黑麥麵粉、可可粉、糖粉、泡打粉、鹽一起過篩。
2. 冰奶油放入1中,用刮板反覆切成細小粉粒狀。
3. 用手輕輕搓揉成較大的酥粒狀後,加入雞蛋攪拌均勻。
4. 將3倒在麵團發酵布上,揉成一個麵團。
5. 慕斯圈放在鋪好烘焙紙的烤盤上,麵團擀成3mm厚的塔皮,鋪入慕斯圈中,用手按壓塔皮,使其與慕斯圈緊密貼合。

108 | Natural Baking Book

6　用擀麵棍在慕斯圈上滾一下，裁掉多餘的塔皮，用手將邊緣的塔皮稍微修飾工整。

7　用叉子在塔皮上戳洞，鋪上烘焙紙和重石，放入170℃的烤箱，烤10分鐘。

8　塔皮烤上色後，拿掉重石，再烤15~20分鐘。

B 甘納許巧克力餡

材料

◇ 黑巧克力 （Valrhona Guanaja）	150g
◇ 鮮奶油	150g
◇ 常溫奶油	30g
◇ 蘭姆酒	14g

1　隔水加熱，融化黑巧克力。

2　鮮奶油加熱到45℃後，分3次加入1中攪拌均勻。

3　將2降溫到35℃。

4　加入常溫奶油後拌勻，再加入蘭姆酒拌勻。

C 巧克力淋面醬

材料

◇ 牛奶	70g
◇ 砂糖	25g
◇ 可可粉	12g
◇ 吉利丁片	2g

1. 吉利丁片用冰水浸泡20分鐘。
2. 牛奶、砂糖、可可粉放入鍋中,煮至砂糖融化。
3. 將2降溫至70℃後,加入泡好的吉利丁片攪拌至融化。

D 完成！

1. 烤好的塔皮冷卻後,倒入甘納許巧克力餡,抹平表面後,放入冰箱冷藏30分鐘～1小時,使其凝固。
2. 甘納許巧克力餡凝固後,淋上巧克力淋面醬,再放入冰箱冷藏30分鐘,使其凝固。

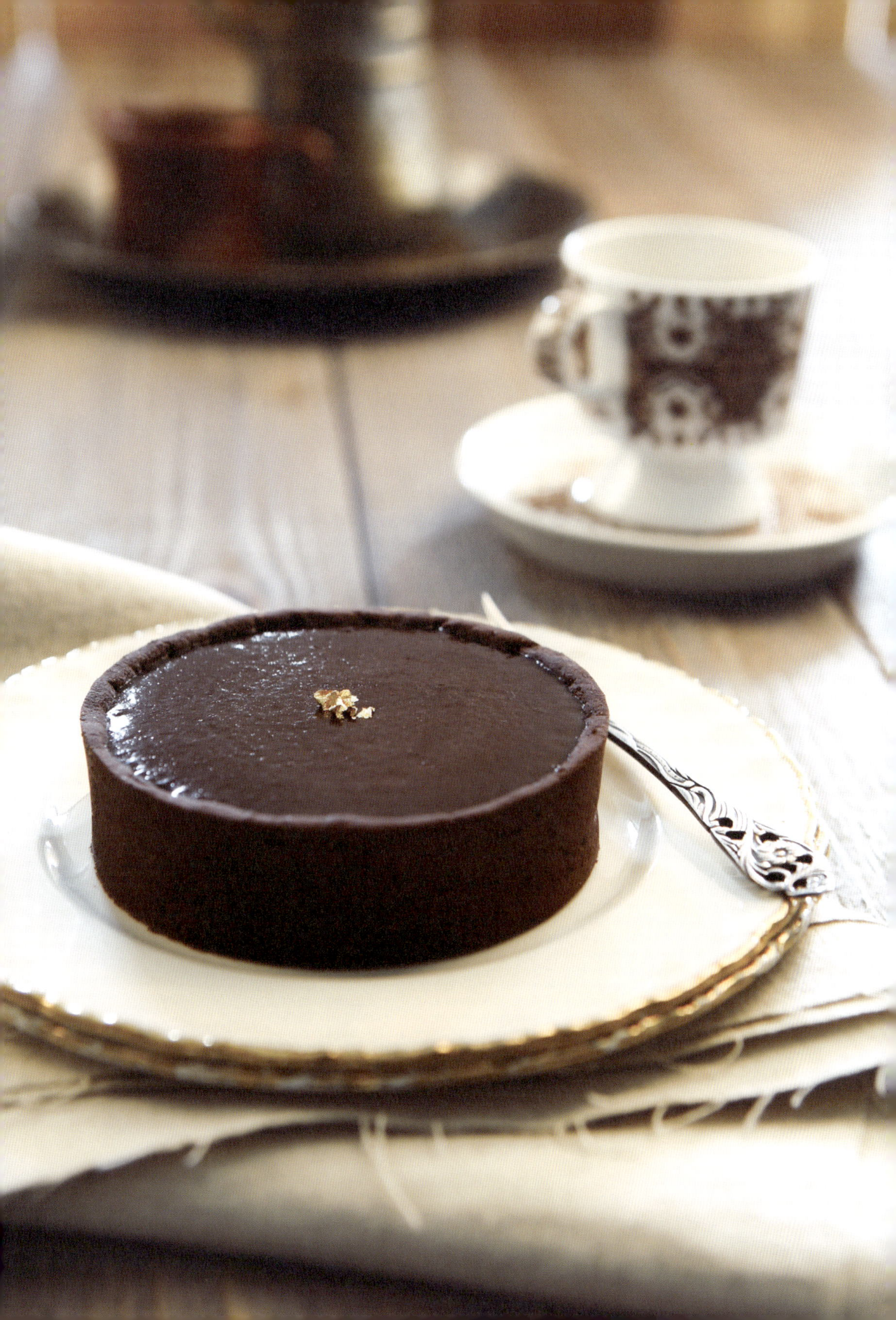

Pie & Tart 2-9

水蜜桃派

烘焙課有位學生想用水蜜桃做派，因此開發了這道食譜。
桃子的水分含量高，直接切片使用，會使內餡受潮。請先蜜漬後再用。

A 奶油酥餅派皮

材料

✦ 直徑15cm、高2.6cm 圓形慕斯圈

低筋麵粉	76g
杏仁粉	15g
砂糖	18g
鹽	0.5g
冷藏奶油	56g
雞蛋	9g

1. 低筋麵粉、杏仁粉、砂糖、鹽一起過篩。
2. 冰奶油放入1中，用刮板反覆切成細小粉粒狀。
3. 用手輕輕搓揉成較大的酥粒狀後，加入雞蛋攪拌均勻。
4. 將3倒在麵團發酵布上，揉成一個麵團。
5. 慕斯圈放在鋪好烘焙紙的烤盤上，麵團擀成3mm厚的派皮，鋪入慕斯圈中，用手按壓派皮，使其與慕斯圈緊密貼合。

6. 用擀麵棍在慕斯圈上滾一下,裁掉多餘的塔皮,用手將邊緣的派皮稍微修飾工整。
7. 派皮用叉子戳洞後,鋪上烘焙紙和重石,放入170℃的烤箱,烤15分鐘。
8. 拿掉重石,再烤20~25分鐘。

B 香草鮮奶油餡

材料

◇ 牛奶	120g
◇ 香草莢	2cm
◇ 蛋黃	21g
◇ 砂糖	34g
◇ 玉米澱粉	8g
◇ 水蜜桃香甜酒	10g
◇ 冷藏鮮奶油	135g
◇ 吉利丁片	2g

1. 牛奶和香草莢中的籽放入鍋中,加熱至90℃;吉利丁片泡軟。
2. 蛋黃和砂糖放入調理盆,用打蛋器打發至蛋液變成淺黃色。
3. 玉米澱粉加入 2 中,用打蛋器攪拌均勻。

4. 加熱好的 **1** 分次加入 **3** 中攪拌均勻。
5. 重新倒回鍋中,開火加熱,並快速攪拌,避免燒焦。
6. 鍋子中央開始冒泡時,倒入調理盆中。

7. 加入泡好的吉利丁片拌勻後,加入水蜜桃香甜酒拌勻。
8. 鮮奶油打發成9分發鮮奶油霜。
9. 將**7**靜置冷卻到常溫後,分次加入鮮奶油霜。

糖漬水蜜桃

材料

◇ 水	150g
◇ 砂糖	75g
◇ 香草莢	2cm
◇ 水蜜桃（黃肉）	1顆

1. 水蜜桃削皮後切成半圓形薄片。
2. 水、砂糖、香草莢中的籽放入鍋中，開火煮至砂糖融化。
3. 加入切片的水蜜桃，熬煮至顏色變為桃紅色，約1~2分鐘。
4. 倒入平坦的容器中靜置降溫，冷卻後撈出糖漬水蜜桃片，去除多餘的糖液。

Tip

- 沒有水蜜桃香甜酒時，可以用煮水蜜桃的糖液替代。

D 完成！

1. 香草鮮奶油餡倒入烤好放涼的派皮中。
2. 使用小支的蛋糕抹刀，將鮮奶油餡抹整成表面平滑的圓弧形，放入冰箱冷藏10分鐘，使其凝固。
3. 糖漬水蜜桃片整齊排列在冷藏凝固好的鮮奶油餡上。

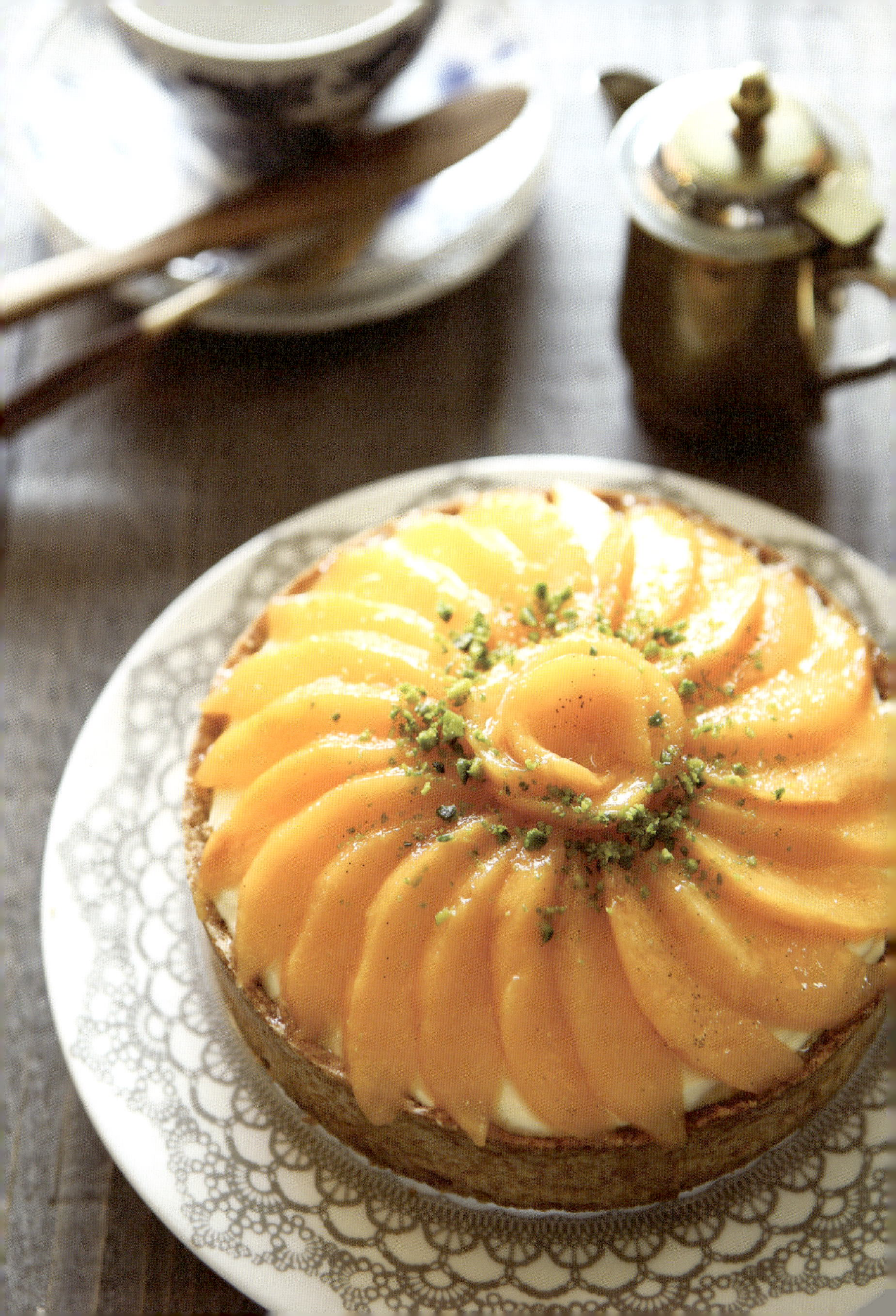

Part 3
Scone & Galette

BAKING RECIPE

適合當早午餐的
司康&法式烘餅

蘋果切達乳酪司康

Scone & Galette 3-1

在英國留學期間，為了節省開支，有時每天只吃一餐，吃的就是司康。司康對我就像是那段異國求學生活的回憶鑰匙，也因為當時吃了那麼多司康，才知道司康其實變化多端，可以開發許多不同的司康食譜。

材料〔份量8個〕

+ 食材為冷藏狀態

材料	份量
◇ 蘋果	220g
◇ 切達乳酪	30g
◇ 高筋麵粉	30g
◇ 低筋麵粉	85g
◇ 砂糖	20g
◇ 鹽	1g
◇ 泡打粉	3g
◇ 奶油	45g
◇ 鮮奶油	35g
◇ 雞蛋	30g
◇ 蛋液	10g

1. 蘋果切成適口大小，放入170℃的烤箱，烤25分鐘，呈半乾燥狀態。
2. 切達乳酪用乳酪刨絲器刨成粗絲。
3. 高筋麵粉、低筋麵粉、砂糖、鹽、泡打粉一起過篩。
4. 冰奶油放入 3 中，用刮板反覆切成細小粉粒狀後，用手輕搓成鬆散的麵團。
5. 放入冰鮮奶油、雞蛋、切達乳酪及冷卻的半乾燥蘋果，用刮板混合成團。
6. 用手將麵團捏塑成約2cm厚的圓餅狀，放入冰箱冷藏，鬆弛1小時。
7. 切割成同樣大小的扇形後，均勻排列在鋪好烘焙紙的烤盤上。
8. 表面刷上蛋液，放入175℃的烤箱，烤25～30分鐘。

Tip

・製作司康麵團時，攪拌到看不到麵粉即可，若是持續搓揉到麵團表面光亮，會形成麵筋，烤好的司康口感會變得很乾硬，不會酥鬆。蘋果選用口感偏硬的青蘋果或紅玉品種為佳。

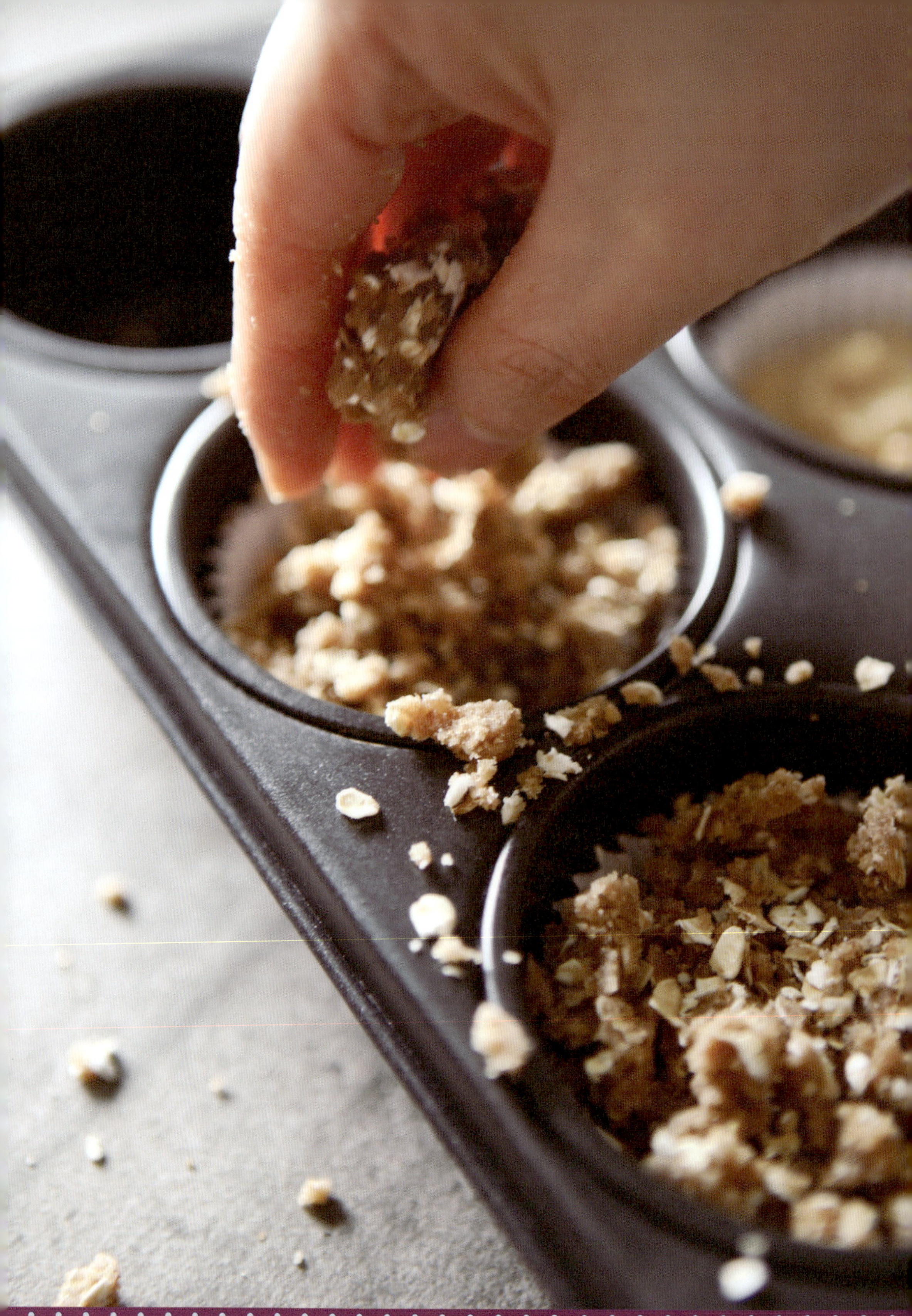

Scone & Galette 3-2

優格燕麥馬芬

英國的字典是這樣描述燕麥片的：
「在蘇格蘭是人吃的東西，在英格蘭是馬吃的東西。」
直接吃燕麥片也許會覺得很粗糙或單調，但是在製作烘焙點心時，
加入各種麵糊和麵團中都很美味，是很百搭的食材。
這道食譜的麵團中放入大量優格，所以吃起來口感濕潤鬆軟，
是可以當早餐吃的健康馬芬。

A 燕麥酥粒

材料

◇ 低筋麵粉	30g
◇ 全麥麵粉	35g
◇ 泡打粉	2g
◇ 未精製黑糖	45g
◇ 鹽	1g
◇ 冷藏奶油	60g
◇ 燕麥片（rolled oats）	30g

1. 低筋麵粉、全麥麵粉、泡打粉、黑糖、鹽過篩後，加入冰奶油，用刮板反覆切成細小粉粒狀。
2. 用手輕輕搓揉成較大的酥粒狀。
3. 燕麥片加入 2 中拌勻，放入冰箱冷藏，鬆弛30分鐘。

B 優格燕麥馬芬

材料〔份量12個〕

- 12連馬芬蛋糕模（每格底部直徑5.5cm、高4.5cm）
- 烘烤用紙杯 12個

。奶油	120g
。未精製黑糖	42g
。原味優格	200g
。雞蛋	72g
。低筋麵粉	72g
。全麥麵粉	48g
。小蘇打粉	2g
。鹽	1g
。燕麥片	60g

1. 奶油放入銅鍋中加熱至融化，再加入黑糖攪拌至融化，關火，降溫至60℃。
2. 優格中加入雞蛋和降溫好的**1**，用打蛋器攪拌均勻。
3. 低筋麵粉、全麥麵粉、小蘇打粉、鹽一起篩入**2**中，用橡皮刮刀翻拌均勻後，再加入燕麥片拌勻。
4. 馬芬蛋糕模內鋪入烘烤用紙杯。麵糊裝入擠花袋，填入烘烤用紙杯內，約8分滿即可。
5. 麵糊表面撒滿燕麥酥粒，放入170℃的烤箱，烤25～28分鐘。

Tip

・馬芬麵糊中加入優格或酸奶油，可使口感濕潤鬆軟。

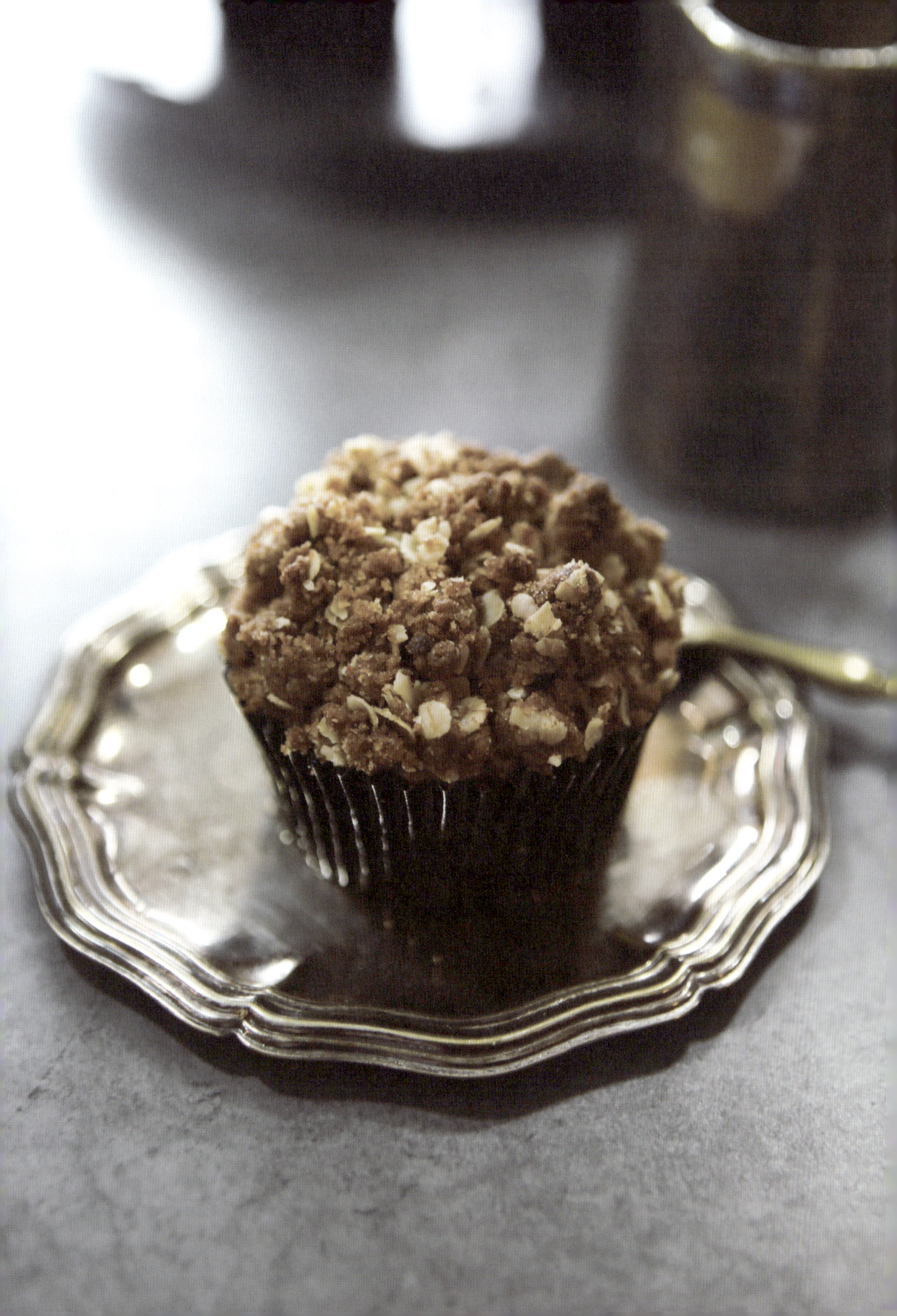

Scone & Galette 3-3 自製瑞可塔乳酪

瑞可塔乳酪在超市也買得到，但是不需要經過熟成階段的瑞可塔乳酪其實在家裡就可以自己動手做了，既簡單又方便。

材料

◇ 牛奶	150g
◇ 鮮奶油	200g
◇ 鹽	1g
◇ 原味優格	30g
◇ 檸檬汁	15g

1. 牛奶、鮮奶油、鹽放入鍋中，加熱至微溫後關火，不用煮沸。
2. 倒入優格，攪拌均勻。
3. 重新開火，鍋緣開始冒泡後，倒入檸檬汁。（不用攪拌）
4. 轉至文火，以不沸騰的方式，持續加熱30分鐘，使乳酪和乳清分離。
5. 濾網上鋪紗布後，倒入 4，放入冰箱冷藏1天，瀝乾水分。
6. 水分都瀝乾以後，擰轉紗布，塑形成圓餅狀。

Tip

· 瑞可塔乳酪可以使用做甜點剩下的鮮奶油來製作。製作時，必須用文火長時間加熱，才能製成柔滑綿順的瑞可塔乳酪。

Natural Baking Book

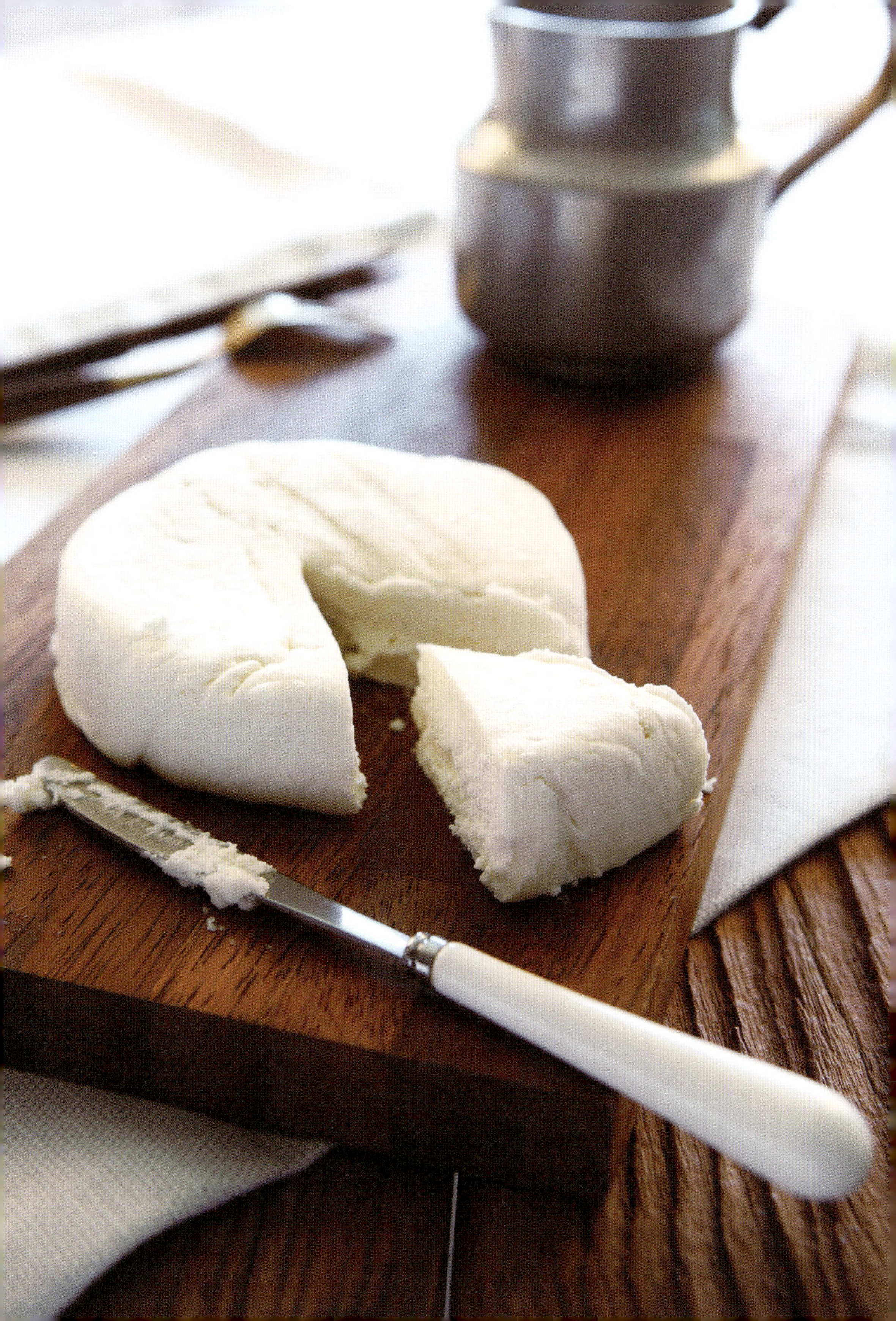

櫻桃瑞可塔乳酪司康

Scone & Galette 3-4

全麥麵粉不易吸收水分,用來做麵包會比較乾柴,很多人都不喜歡,
但是很適合製作成司康、蘇打餅乾或比斯吉,
可以嘗到小麥特有的風味,接受度也很高。

材料〔份量9個〕

材料	份量
◊ 全麥麵粉	60g
◊ 低筋麵粉	65g
◊ 泡打粉	6g
◊ 砂糖	25g
◊ 鹽	1g
◊ 冷藏奶油	20g
◊ 櫻桃	90g
◊ 瑞可塔乳酪	50g

1. 櫻桃去籽後,絞碎成小塊。(若流出很多汁液,請用廚房紙巾擦乾。)
2. 全麥麵粉、低筋麵粉、泡打粉、砂糖、鹽一起過篩。
3. 冰奶油放入 **2** 中,用刮板反覆切成細小粉粒狀,用手輕輕搓揉拌勻。
4. 絞碎的櫻桃和瑞可塔乳酪放入 **3** 中,攪拌均勻。
5. 將 **4** 倒在麵團發酵布上,塑形成高2cm的四方形麵團。放入冰箱冷藏,鬆弛1小時。
6. 用刀子切成9等份四方形小塊,放入170℃的烤箱,烤15～20分鐘。

Tip

- 櫻桃絞碎後,一定要用紙巾擦乾流出的汁液,烤好的司康才能保存較長的時間。司康請放在常溫或冰箱冷凍保存。本食譜中全麥麵粉和低筋麵粉的比例大約各占一半,若喜歡全麥麵粉的味道或口感,可以將食材中的低筋麵粉也改為全麥麵粉製作司康。

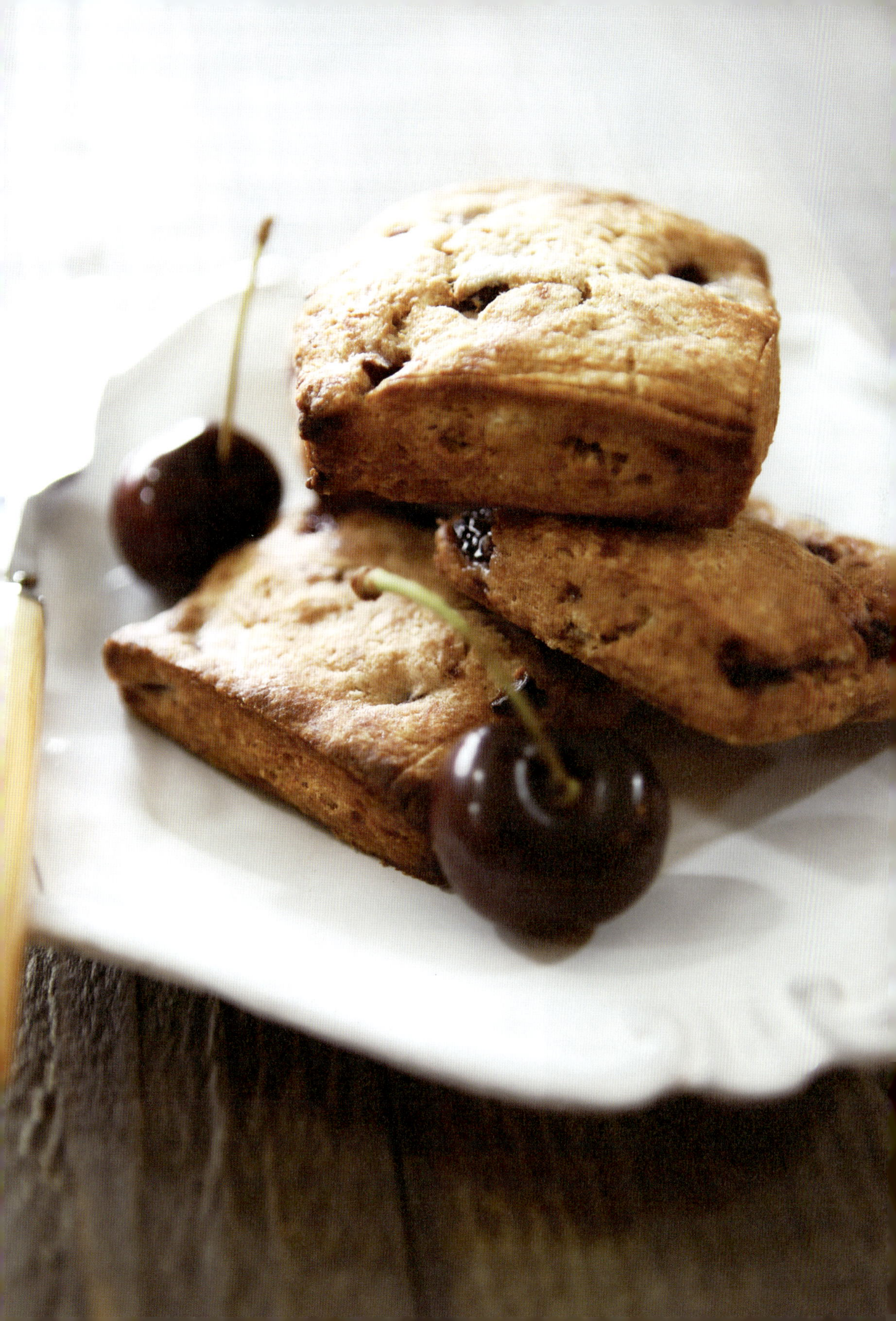

無花果瑞可塔乳酪法式烘餅

Scone & Galette 3-5

台灣也有栽種新鮮無花果,一年四季都是產期。

A 法式烘餅皮

材料

◇ 低筋麵粉	128g
◇ 鹽	1g
◇ 砂糖	3g
◇ 冷藏奶油	70g
◇ 水	25g

1. 低筋麵粉、鹽、砂糖一起過篩。
2. 冰奶油放入1中,用刮板反覆切成細小粉粒狀。
3. 用手輕輕搓揉成較大的酥粒狀後,加入水,用刮板攪拌均勻。
4. 將3倒在麵團發酵布上,揉成一個麵團,放入冰箱冷藏,鬆弛30分鐘。
5. 麵團擀開成厚3mm、直徑25cm的圓形餅皮。
6. 用叉子在表面戳出細密的小洞。

無花果瑞可塔乳酪法式烘餅

B 瑞可塔乳酪抹醬&完成

材料

◊ 無花果	3顆
◊ 紫洋蔥丁	10g
◊ 蜂蜜	10g
◊ 帕瑪火腿片	20g
◊ 瑞可塔乳酪（抹醬用）	90g
◊ 胡椒粉	少許
◊ 瑞可塔乳酪（餡料用）	30g
◊ 融化奶油	10g
◊ 各式芽菜	1把

1. 無花果切成8等份。
2. 紫洋蔥丁和蜂蜜加入無花果中拌勻。
3. 帕瑪火腿片切小塊。
4. 用抹刀將瑞可塔乳酪（抹醬用）塗抹在做好的烘餅皮上，塗抹直徑約比餅皮直徑小5cm。撒上胡椒粉。
5. 將 2 及帕瑪火腿、瑞可塔乳酪（餡料用）、芽菜均勻鋪在抹醬上。
6. 餅皮邊緣向內摺，用刷子塗上融化奶油。
7. 放入170℃的烤箱，烤35～40分鐘，將餅皮烤至金黃色澤。

Tip

- 烤好的法式烘餅上，若再放一些新鮮無花果，並撒上蜂蜜，就可以同時吃到新鮮及烤過無花果的雙重風味。

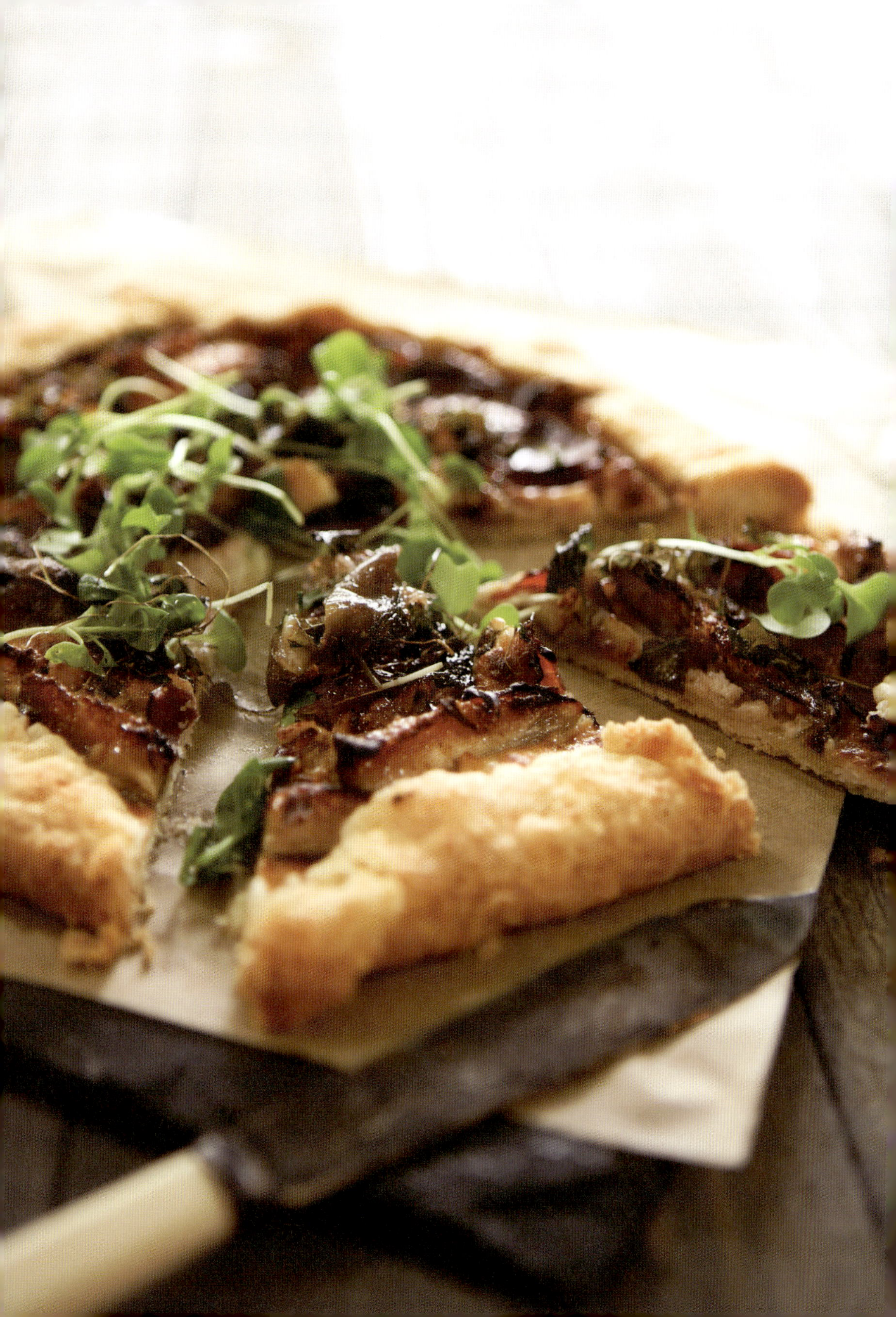

Scone & Galette 3-6

節瓜法式烘餅

很多人看到這道食譜的直覺反應是：
「法式烘餅一般都是搭配水果，用節瓜適合嗎？」
我個人覺得莓果類的法式烘餅雖然看起來漂亮，但是吃起來卻沒有想像中美味，因此開發了這道可以代替正餐的節瓜法式烘餅。

法式烘餅皮

材料

◇ 低筋麵粉	95g
◇ 糖粉	5g
◇ 鹽	0.5g
◇ 冷藏奶油	50g
◇ 水	20g

1　低筋麵粉、糖粉、鹽一起過篩。

2　冰奶油放入1中，用刮板反覆切成細小粉粒狀。

3　用手輕輕搓揉成較大的酥粒狀後，加入水，用刮板攪拌均勻。

4　將3倒在麵團發酵布上，揉成一個麵團，放入冰箱冷藏，鬆弛30分鐘。

5　麵團擀開成厚3mm、直徑25cm的圓形餅皮，用叉子戳出細密小洞。

節瓜法式烘餅

B 乳酪抹醬&完成

材料

◇ 節瓜	2/3條
◇ 橄欖油	5g
◇ 蜂蜜	12g
◇ 蒜泥	12g
◇ 瑞可塔乳酪	50g
◇ 奶油乳酪	100g
◇ 帕瑪森起士粉	15g
◇ 胡椒粉	1g
◇ 蛋液	10g

1. 節瓜切成2～3mm厚的片狀。
2. 橄欖油中加入蜂蜜及蒜泥拌勻。
3. 瑞可塔乳酪和奶油乳酪拌勻後，加入帕瑪森起士粉、胡椒粉，用打蛋器拌勻。
4. 將 2 加入 3 中，攪拌均勻。
5. 用抹刀將 4 的乳酪抹醬塗抹在擀好的烘餅皮上，塗抹直徑比餅皮直徑小約3cm。
6. 節瓜片以漩渦狀排列在抹醬上。
7. 邊緣餅皮向內摺，餅皮和節瓜表面都刷上蛋液。
8. 放入170℃的烤箱，烤35～40分鐘，確定底部餅皮都熟透、酥脆後，即可出爐。

Tip

- 節瓜片排列在抹醬上時，請毫無縫隙地緊密排列，因為蔬菜經過烘烤後，水分流失，體積會縮小，空隙變很大的話，成品會不美觀。法式烘餅皮不需要經過第一次烘烤，所以餅皮比較不容易烤熟，需要花較多時間烘烤，請確定餅皮已烤至金黃酥脆，再從烤箱中取出。

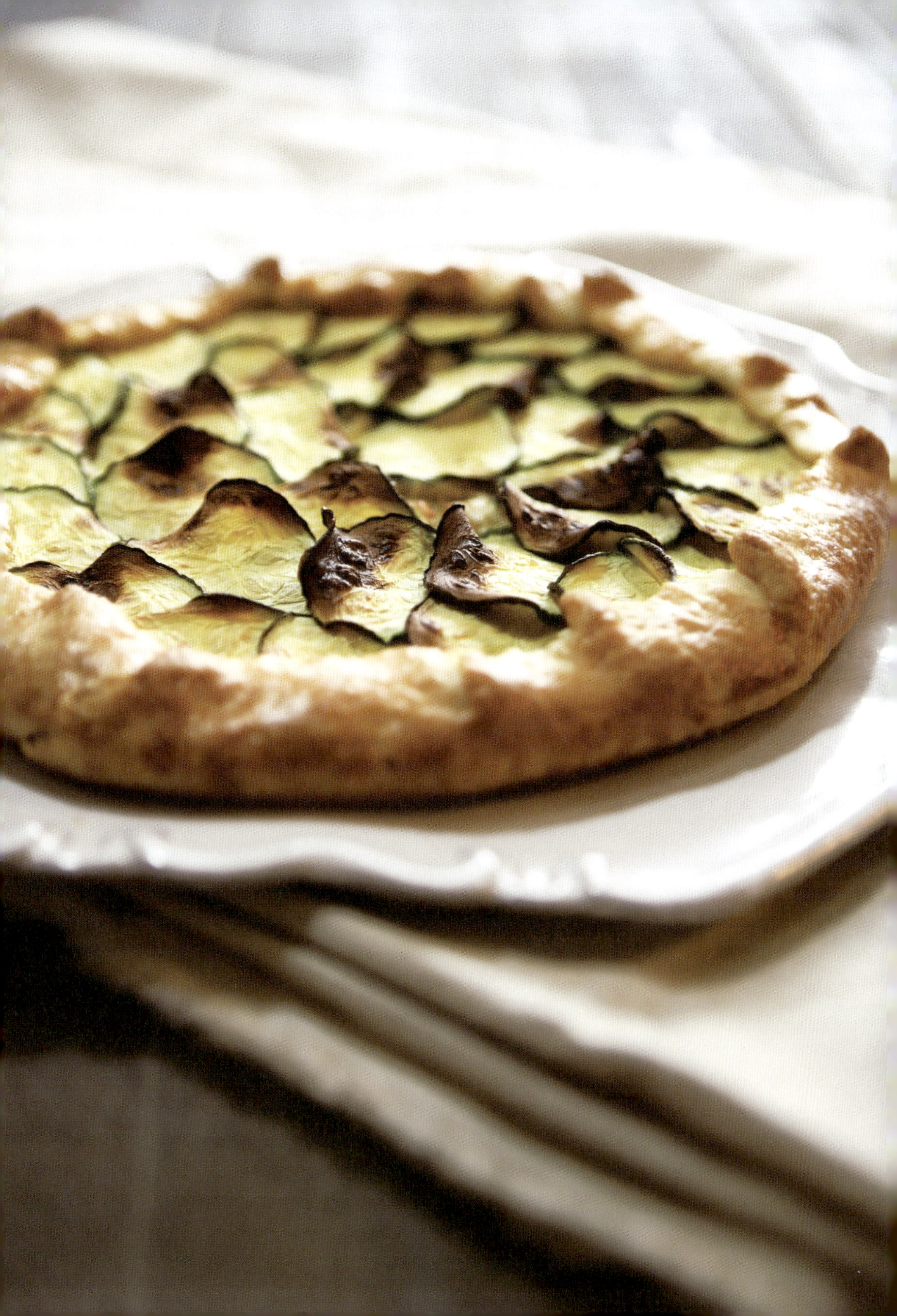

香蕉穀麥脆片

Scone & Galette 3-7

穀麥脆片是由多種穀物麥片、堅果、果乾等製成的早餐食品。
食譜中還加入鉀含量和膳食纖維都很豐富的香蕉,可以增加飽足感。

材料

◇ 香蕉	1根
◇ 奶油	20g
◇ 蜂蜜	55g
◇ 鹽	0.5g
◇ 燕麥片	100g
◇ 核桃碎	45g
◇ 葵瓜子	20g
◇ 蔓越莓乾	25g

1. 香蕉切成厚2～3mm片狀。
2. 奶油、蜂蜜、鹽放入鍋中,加熱至奶油融化。
3. 燕麥片、核桃碎、葵瓜子、蔓越莓乾倒入 **2** 中,攪拌均勻。
4. 烤盤上鋪烘焙紙,倒入 **3** 後,鋪平,高約1cm。放上香蕉片。
5. 放入150℃的烤箱,烤15～20分鐘,烘烤過程中請用橡皮刮刀稍微攪拌,使其均勻烤上色。

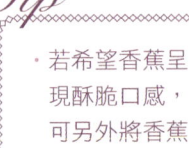

Tip

・若希望香蕉呈現酥脆口感,可另外將香蕉放入120℃的烤箱,烤30分鐘,烘乾成香蕉脆片。

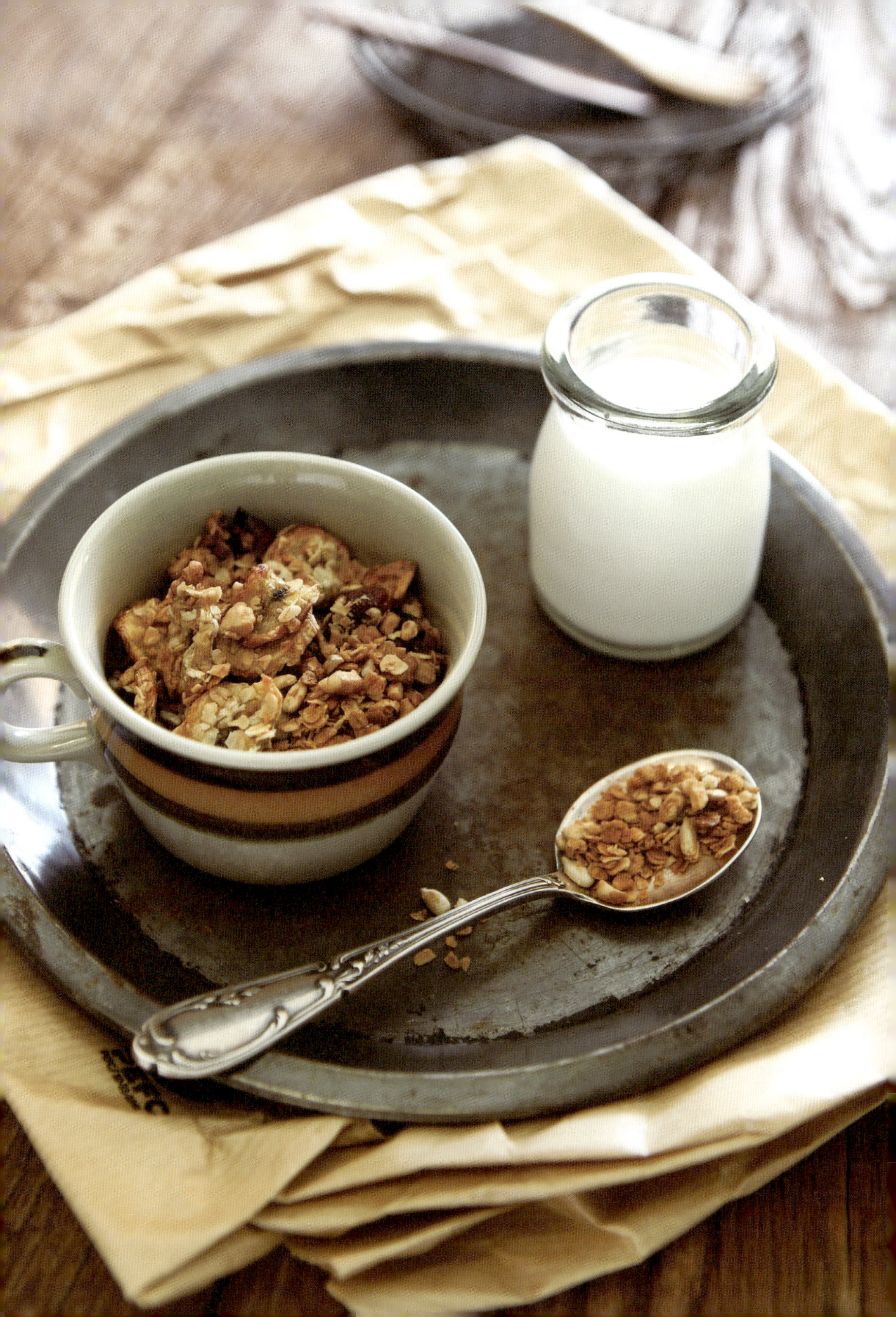

Scone & Galette 3-8

法式鹹蛋糕

　　法式鹹蛋糕是法國的家常料理，可以當作正餐的鹹口味蛋糕。在英國留學期間，我曾短暫住過寄宿家庭，那家的爸爸常常會自製焦糖洋蔥，那個美味記憶至今仍無法忘懷，所以將它融入在這道鹹蛋糕食譜裡。

🅐 焦糖洋蔥

材料

◇ 紫洋蔥	180g
◇ 橄欖油	10g
◇ 奶油	6g
◇ 砂糖	10g
◇ 巴薩米克醋	7g

1. 紫洋蔥切絲。
2. 銅鍋中倒入橄欖油、奶油,煮至融化。
3. 油燒熱後,加入洋蔥絲拌炒。
4. 洋蔥約炒10分鐘,直到洋蔥軟化,請持續攪拌,以免燒焦。
5. 加入鹽、砂糖,用中火繼續拌炒至洋蔥變成焦糖色。
6. 炒洋蔥過程中,若覺得太乾,可加一點水。
7. 洋蔥充分焦糖化後,加入巴薩米克醋,再續煮1分鐘,關火。

法式鹹蛋糕

B 法式鹹蛋糕

材料

- 低筋麵粉　　　85g
- 帕瑪森起士粉　25g
- 杏仁粉　　　　8g
- 泡打粉　　　　5g
- 胡椒粉　　　　1g
- 雞蛋　　　　　85g
- 牛奶　　　　　45g
- 葡萄籽油　　　58g

1. 低筋麵粉、帕瑪森起士粉、杏仁粉、泡打粉、胡椒粉篩入調理盆中。
2. 加入雞蛋、牛奶、葡萄籽油攪拌，退冰至常溫狀態。
3. 將2分2～3次加入1中，使用筷子拌勻，以減少形成麵筋。
4. 將3裝入擠花袋中。

C 完成！

材料

+ 4.5x12x4.5cm長方形蛋糕模2個

- 焦糖洋蔥　　　100g
- 奶油乳酪　　　40g
- 黑橄欖片　　　10g

1. 蛋糕模內鋪上烘焙紙。
2. 鋪好烘焙紙的蛋糕模中，分層加入麵糊、焦糖洋蔥、奶油乳酪、黑橄欖片。
3. 放入170℃的烤箱，烤25～28分鐘。

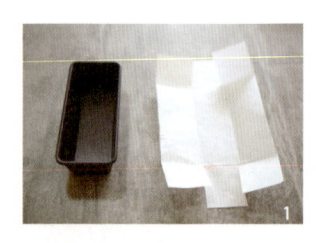

Tip

- 炒焦糖洋蔥時，若沒有銅鍋，可以使用厚底的鍋子，洋蔥比較不容易燒焦。若使用一般鍋子，翻炒時水分蒸發快，過程中要持續加水拌炒。攪拌麵糊時，務必用筷子攪拌，若用打蛋器攪拌，會形成許多麵筋，蛋糕口感會變硬。

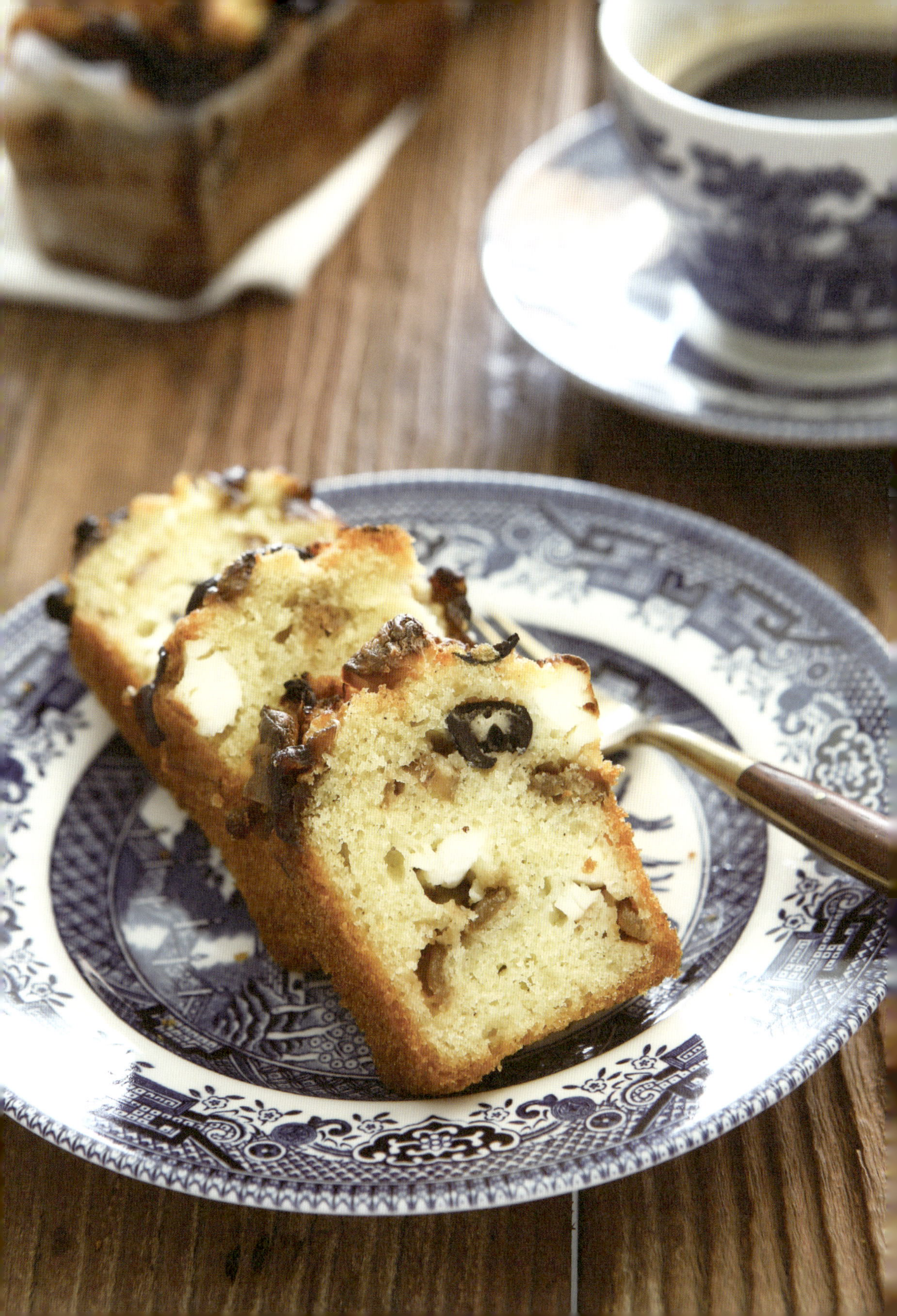

Scone & Galette 3-9

黑芝麻杯子蛋糕

市售的黑芝麻醬沒有小包裝，幾乎都是一整罐，常常會吃不完。其實芝麻醬的製作方法很簡單，這道食譜也介紹芝麻醬的做法，以後想吃多少就做多少。

A 黑芝麻醬

材料

黑芝麻	50g
食用油	20g

1　調理機中放入黑芝麻，分2～3次加入食用油攪拌均勻。

2　約攪打5分鐘以上，使黑芝麻中的油脂釋出，黑芝麻醬就會變得光亮且香氣十足。

B 黑芝麻杯子蛋糕

材料〔份量7個〕

- 12連馬芬蛋糕模（每格底部直徑5.5cm、高4.5cm）
- 烘烤用紙杯 12個

常溫奶油	50g	常溫雞蛋	60g
黑芝麻醬	15g	低筋麵粉	100g
砂糖	80g	泡打粉	4g
鹽	0.5g	牛奶	60g

1　奶油、黑芝麻醬放入調理盆，打至鬆軟。

2　砂糖、鹽加入**1**中一起打發。

3　雞蛋分3次加入**2**中，打發至體積稍微膨大。

4　低筋麵粉、泡打粉過篩，加入**3**中，用橡皮刮刀輕柔翻拌均勻。

5　加入牛奶拌勻成滑順麵糊。

6　馬芬蛋糕模內鋪上烘烤用紙杯。將**5**裝入擠花袋，注入烘烤用紙杯內，約8分滿即可。

7　放入170℃的烤箱，烤18～22分鐘。

黑芝麻杯子蛋糕

C 黑芝麻乳酪醬

材料

- 奶油乳酪　　　30g
- 黑芝麻醬　　　5g
- 砂糖　　　　　9g
- 冷藏鮮奶油　　60g

1. 奶油乳酪放入調理盆中打軟。
2. 加入黑芝麻醬及砂糖,攪拌至滑順狀態。
3. 鮮奶油打發成9分發鮮奶油霜,分2次拌入 **2** 中,攪拌均勻。

D 完成!

1. 杯子蛋糕烤好並靜置冷卻後,將黑芝麻乳酪醬塗抹表面即完成。

Tip

・覺得黑芝麻醬製作麻煩,可以將食譜中所需的黑芝麻量,用磨缽磨碎後使用。杯子蛋糕若看得到芝麻顆粒,看起來會更加美味。

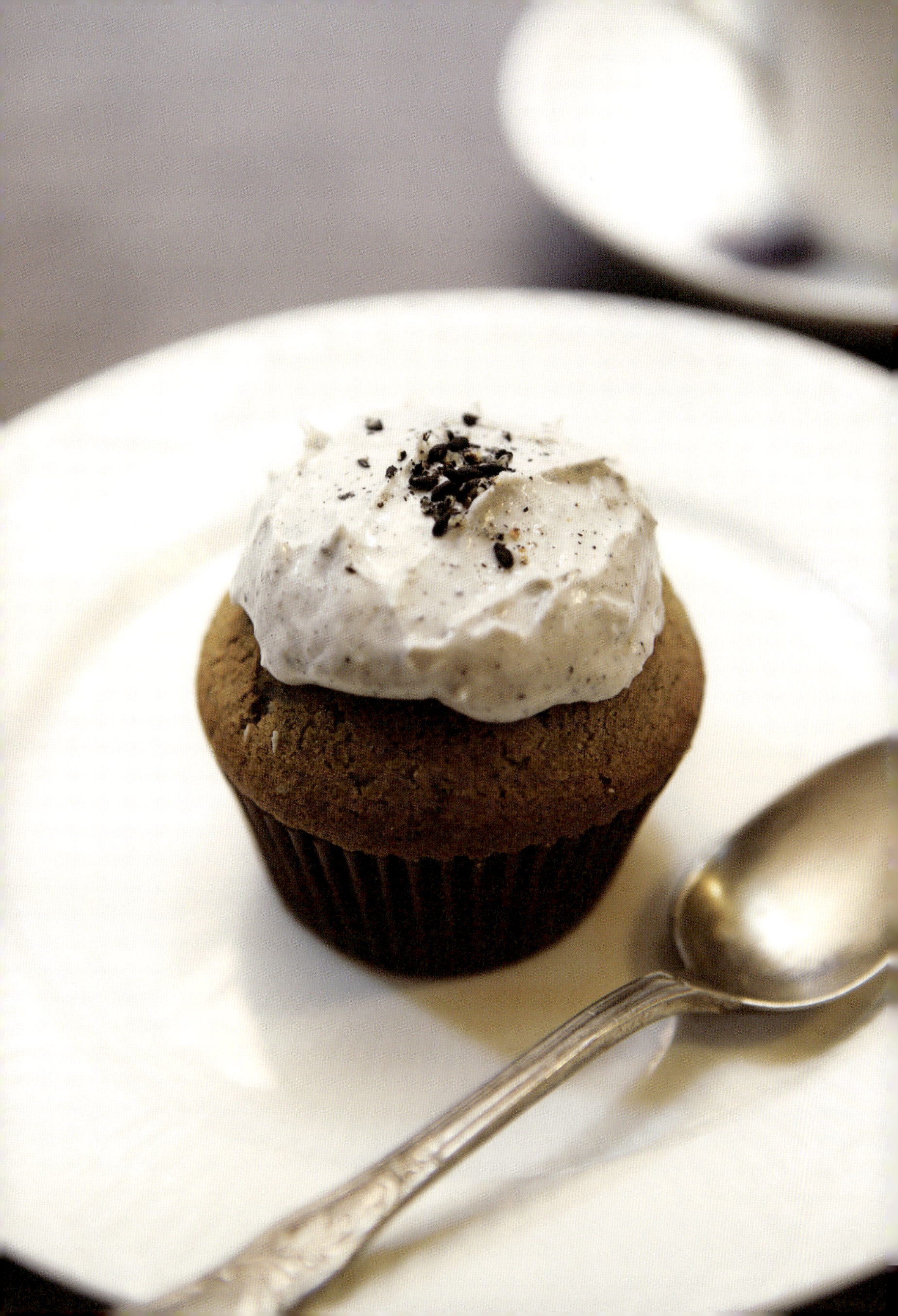

Part 4
Cookie & Biscuit

BAKING RECIPE

傳遞心意的
餅乾&小點心

Cookie & Biscuit 4-1

核桃芝麻糖

焦糖化的糖類拌入堅果及奶油中,冷卻後就能成為酥脆不黏牙的堅果糖。
這道食譜除了芝麻,還加入核桃,增加不同的堅果香氣。

材料 〔份量20塊〕

+ 18x18x4.5cm方形慕斯圈

◇ 核桃碎	80g
◇ 白芝麻	80g
◇ 果糖	35g
◇ 蜂蜜	35g
◇ 鮮奶油	65g
◇ 鹽	1g
◇ 奶油	12g

1 核桃碎放入平底鍋中,用小火炒2～3分鐘,使核桃變酥脆、上色。

2 炒好的核桃碎鋪平放涼後,倒入調理機中打成粉末狀。

3 白芝麻炒熟。

4 取另一個鍋子,倒入果糖、蜂蜜、鮮奶油、鹽,以小火煮至顏色呈焦糖色。

5 在 **4** 中倒入核桃粉末、炒熟的芝麻、奶油,快速攪拌均勻。

6 慕斯圈放在鋪好烘焙紙的烤盤上,倒入 **5**,用刮板鋪平並壓緊實。

7 放入冰箱冷藏2小時,糖液凝固後切成小塊。

Tip

・核桃使用前稍微處理過,吃起來會更加香脆順口。核桃放入鍋裡用熱水煮10分鐘,去除澀味後,將煮好的核桃倒入冷水中,搓洗掉殘膜,瀝乾水分並充分陰乾。使用前先烘烤或焙炒過。經過事先處理的核桃,吃起來酥脆又不會有苦澀味。

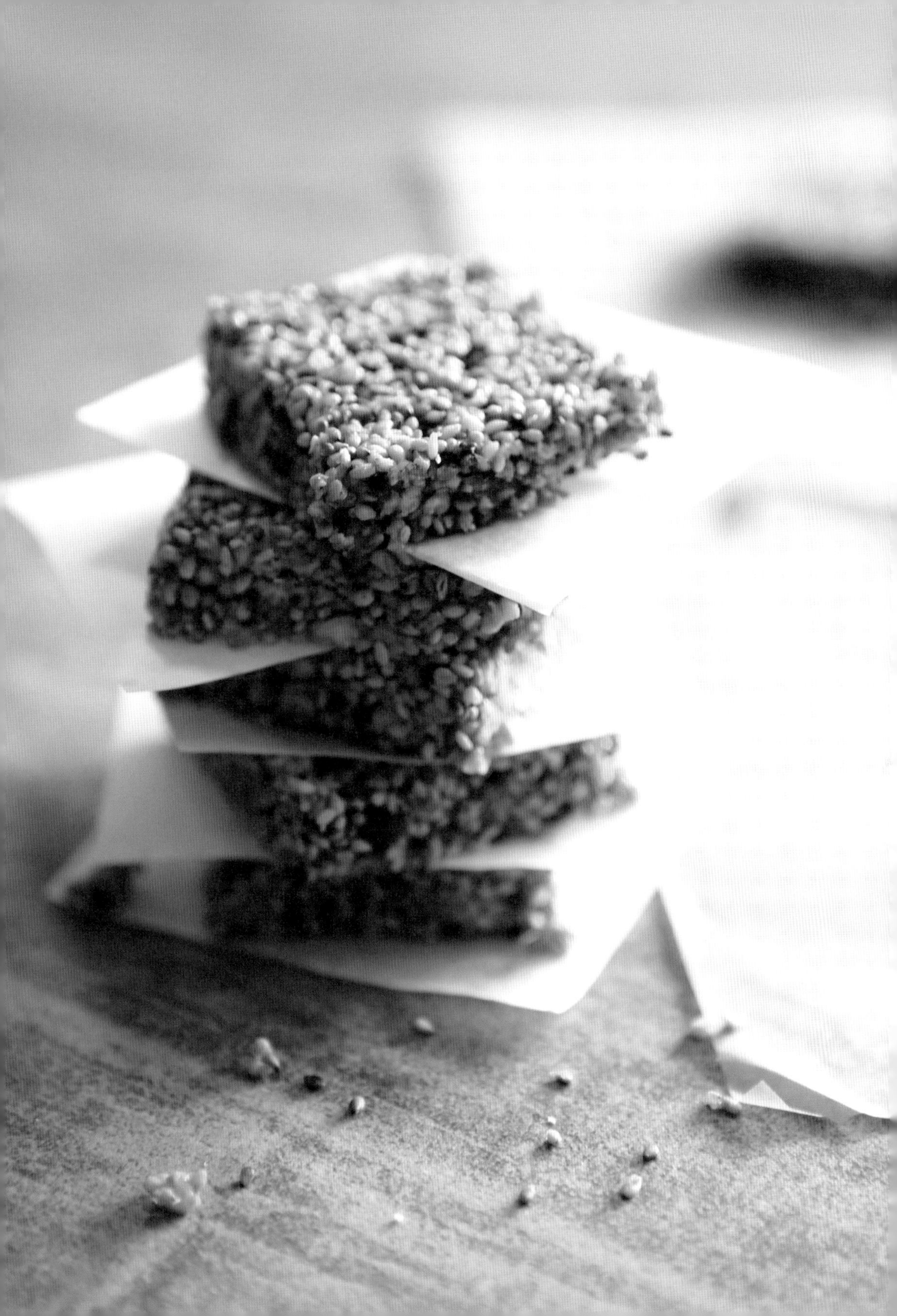

Cookie & Biscuit 4-2

花生醬餅乾

大家都是買市售的花生醬回家抹土司，其實花生醬的做法比果醬更簡單，在家也能自己做。製作時不添加砂糖或糖粉，更能感受花生本來的原味。

A 自製花生醬

材料

◇ 乾花生　150g

1. 乾花生放入平底鍋中焙炒。（炒至花生稍微變深色，香氣會更加濃郁。）
2. 焙炒好的花生去膜，放入調理機絞碎至出油，呈膏狀。

B 花生醬餅乾

材料〔份量15片〕

◇ 常溫奶油　50g
◇ 自製花生醬　120g
◇ 楓糖　60g
◇ 低筋麵粉　128g
◇ 小蘇打粉　2g
◇ 鹽　1g

1. 奶油、花生醬放入調理盆中拌勻。
2. 加入楓糖拌勻。
3. 篩入低筋麵粉、小蘇打粉、鹽，用橡皮刮刀翻拌均勻。
4. 餅乾麵團搓揉成相同大小的球狀，放置在鋪好烘焙紙的烤盤上，壓成扁平狀，再用叉子壓出紋路。
5. 放入170℃的烤箱，烤10～12分鐘。

Natural Baking Book

Tip

- 若要花生醬色澤漂亮且味道香濃,焙炒花生時,除了炒熟以外,可再炒到顏色變深一點,但要持續拌炒,避免炒焦。若使用市售花生醬製作花生醬餅乾,因為花生醬已經含糖,食譜中的楓糖份量就要減少,才不會過甜。

Cookie & Biscuit 4-3

香草餅乾

你知道香草莢的莢殼其實比籽更具香氣嗎？
用剩的香草莢殼放入烤箱烘乾，打碎成粉末，
可以加入餅乾麵團或蛋糕麵糊中使用喔！

材料 〔份量15片〕

✦ 直徑6cm齒狀餅乾壓模

◇ 乾燥香草莢殼	2cm
◇ 糖粉	18g
◇ 砂糖	12g
◇ 鹽	0.5g
◇ 常溫奶油	55g
◇ 黑麥麵粉	37g
◇ 低筋麵粉	53g
◇ 泡打粉	0.5g

1. 乾燥香草莢殼切成小段。
2. 調理機中放入糖粉、砂糖、鹽、切成小段的香草莢殼，一起打碎。（香草莢殼要打碎成粉狀。）
3. 常溫奶油用打蛋器打軟後，將 **2** 加入，攪拌均勻。
4. 篩入黑麥麵粉、低筋麵粉、泡打粉，用橡皮刮刀攪拌成團狀。
5. 麵團擀成2mm厚的平面，放入冰箱冷藏，鬆弛30分鐘。
6. 用餅乾壓模在麵團上壓出餅乾造型，排列在鋪好烘焙紙的烤盤上，放入170℃的烤箱，烤10～13分鐘。

Tip

・香草莢暴露在空氣中，很快就會散發水分、變乾，請密封並放入冰箱冷藏保存。若是已經變乾硬，可以用熱水浸泡約10分鐘，等回軟後使用。

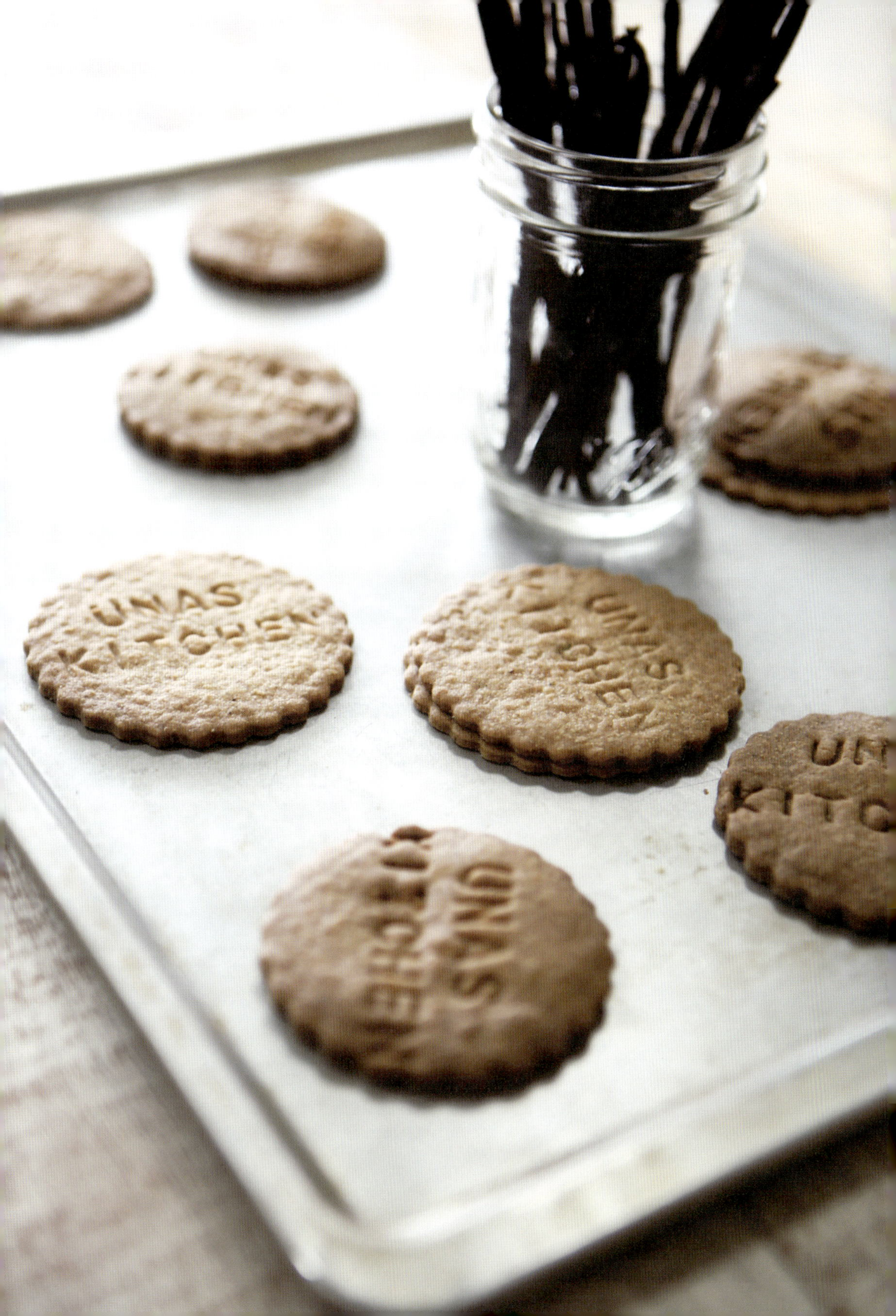
UNAS
KITCHEN

燕麥蕾絲脆餅

Cookie & Biscuit 4-4

蕾絲脆餅是法式餅乾，形狀像小煎餅，吃起來像是多了點泡沫口感的瓦片餅乾，可以直接吃，也經常用於甜點裝飾。做法很簡單，初學者也能輕易上手。

材料〔份量20片〕

材料	份量
◊ 奶油	56g
◊ 燕麥片	63g
◊ 雞蛋	30g
◊ 砂糖	55g
◊ 全麥麵粉	7g
◊ 泡打粉	2g
◊ 鹽	0.5g
◊ 黑芝麻	3g

1. 奶油放入微波爐中加熱融化成液體狀，與燕麥片一起拌勻。
2. 雞蛋放入調理盆打散後，加入砂糖，隔水加熱，一邊攪拌，使砂糖融化。
3. 全麥麵粉、泡打粉、鹽篩入 2 中，攪拌均勻。
4. 將 1 及黑芝麻加入 3 中，攪拌均勻。
5. 烤盤內鋪入矽膠烘焙墊，挖取等量的麵糊，排列在烘焙墊上，麵糊間保持10cm間隔。
6. 放入180℃的烤箱，烤8～10分鐘。（烤至餅乾顏色變深即可。）

Tip

- 蕾絲脆餅的口感越脆越好吃，盡可能將水分烤乾，口感才會酥脆，所以務必要烤到餅乾充分上色。蕾絲脆餅比其他餅乾薄，很容易返潮，烤好冷卻後，請放入密封容器中保存。

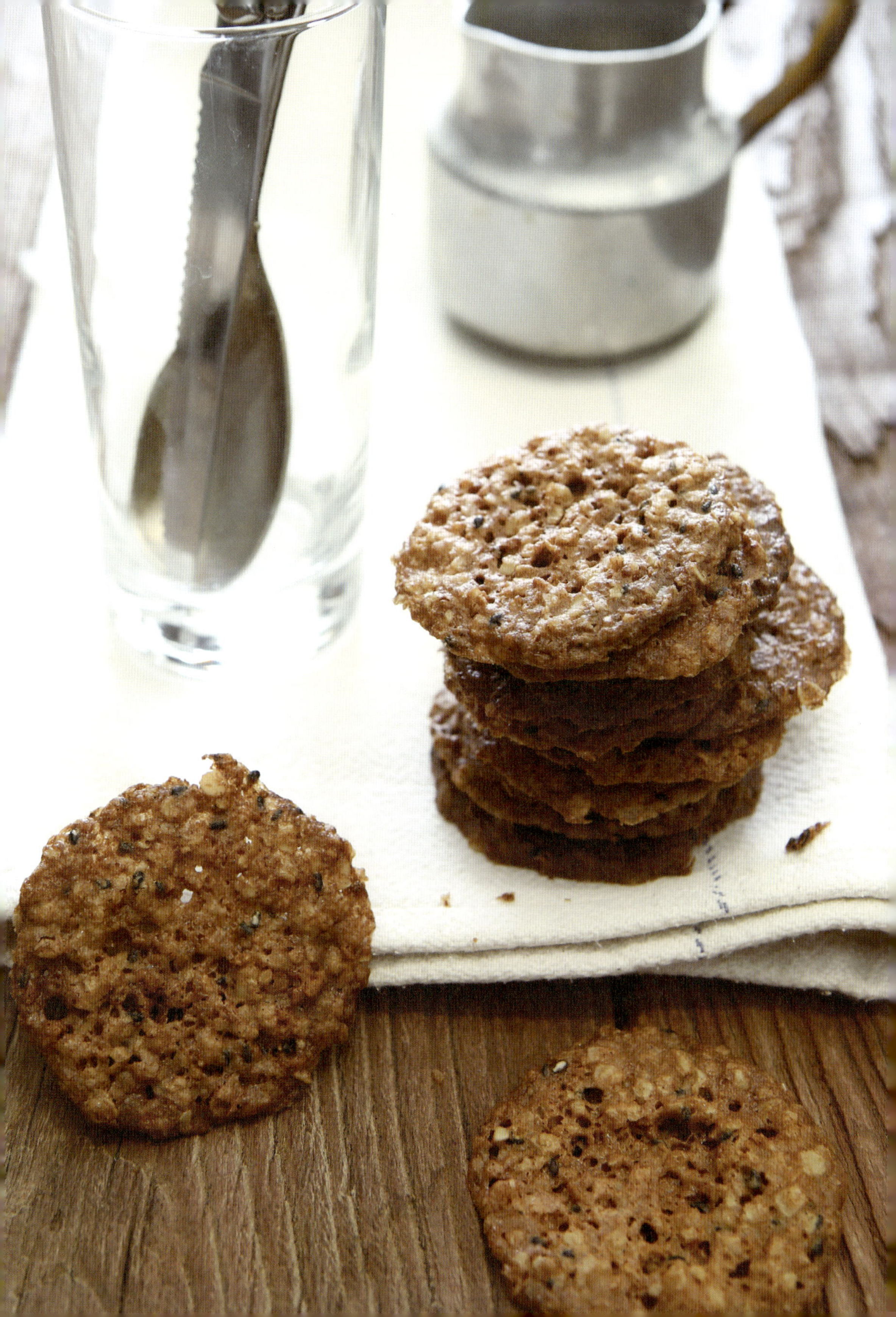

Cookie & Biscuit 4-5

燕麥脆餅

製作脆餅時，油脂類食材大多以液體狀加入麵團中，液體狀的油脂不會使餅乾在烘烤中膨脹，才能烤出硬脆的口感。

材料〔份量25片〕

◇ 燕麥片	21g
◇ 熱牛奶	75g
◇ 奶油	14g
◇ 未精製黑糖	15g
◇ 黑麥麵粉	39g
◇ 低筋麵粉	47g
◇ 泡打粉	2g
◇ 鹽	1g

1 燕麥片預先用煮滾的牛奶沖泡，放入冰箱冷藏1小時。

2 奶油中放入黑糖，隔水加熱攪拌至融化。

3 黑麥麵粉、低筋麵粉、泡打粉、鹽篩入 **2** 中，並加入 **1**，一起拌勻。

4 將 **3** 倒在麵團發酵布上，揉成一個麵團，放入冰箱冷藏，鬆弛30分鐘。

5 使用擀麵棍，將麵團擀開成1mm厚的平面。

6 切成長方形片狀，中間用叉子戳出直排小洞。

7 放入180℃的烤箱，烤9～10分鐘。

Tip

・脆餅的麵團要盡可能擀薄一點，口感才比較脆，厚度請務必維持在2mm以內。

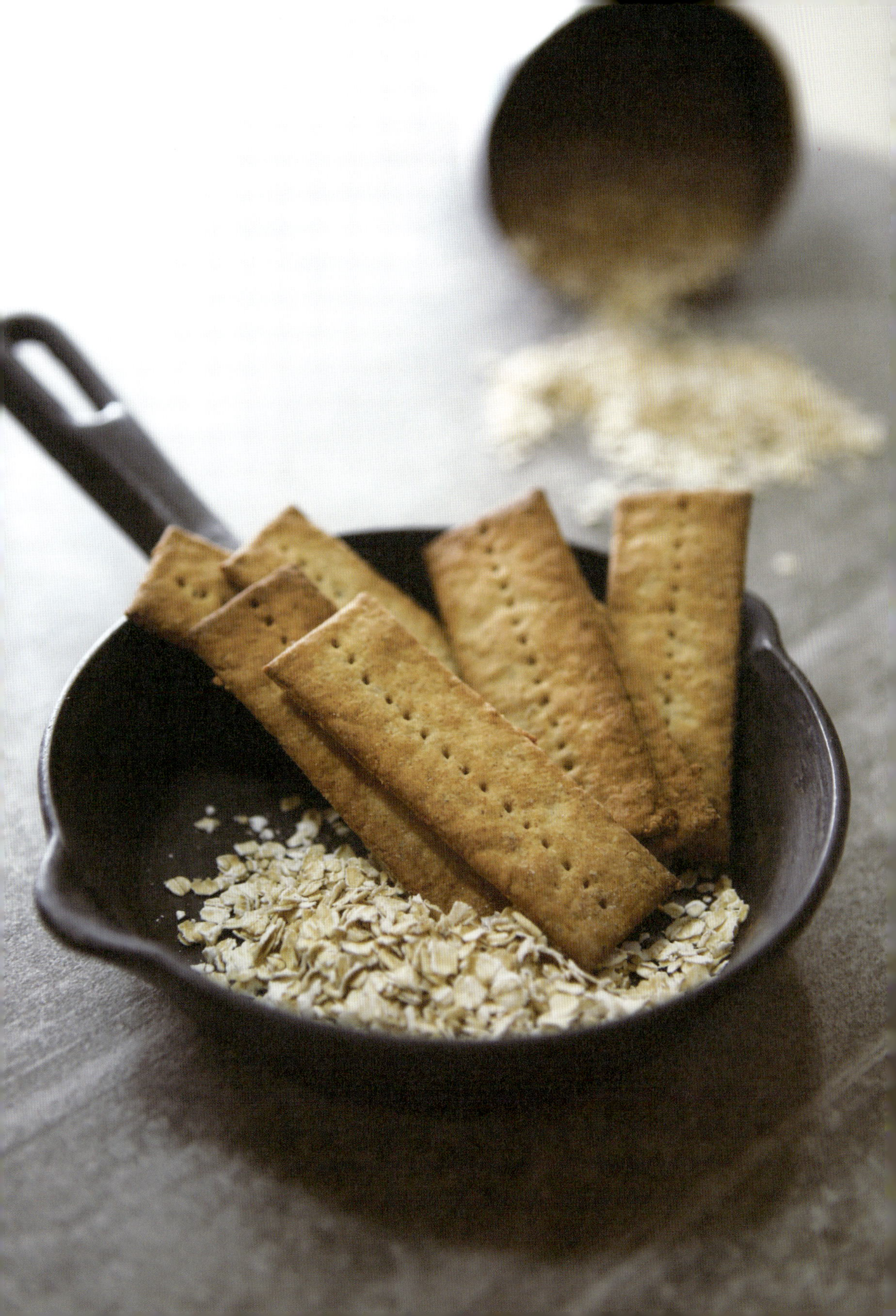

Cookie & Biscuit 4-6

無花果核桃義大利脆餅

製作脆餅時，油脂類食材大多以液體狀加入麵團中，
液體狀的油脂不會使餅乾在烘烤中膨脹，才能烤出硬脆的口感。

材料〔份量15片〕

◇ 核桃碎	90g
◇ 半乾燥無花果	110g
◇ 常溫奶油	60g
◇ 砂糖	35g
◇ 非精製黑糖	30g
◇ 雞蛋	75g
◇ 低筋麵粉	155g
◇ 泡打粉	3g
◇ 小蘇打粉	1g
◇ 鹽	1g
◇ 肉桂粉	3g

1 半乾燥無花果切成小丁。

2 核桃碎先前置處理後並烤至酥脆。（請參考p.68 Tip）

3 常溫奶油用打蛋器打軟後，分2次加入砂糖和黑糖，再用打蛋器攪拌至絨毛狀。

4 雞蛋分3次加入 **3** 中，用打蛋器充分攪拌至蛋液完全融入。

5 低筋麵粉、泡打粉、小蘇打粉、鹽、肉桂粉篩入 **4** 中，用橡皮刮刀充分拌勻。

6 拌入切好的半乾燥無花果丁和烤好的核桃碎。

Tip

・半乾燥無花果洗淨後，用熱水煮軟，擦乾表面水分，再用蘭姆酒浸泡，果香味和甜味會更加倍。

7　麵團擀成2cm厚的長方形，用保鮮膜包好，放入冰箱冷藏，鬆弛1小時。

8　放入170℃的烤箱，烤15～20分鐘。

9　趁烤好的麵團還有餘溫時，用麵包刀切成每片約厚1.5cm的片狀。

10　切好的義大利脆餅再次放入170℃的烤箱，烤10～15分鐘，使脆餅烤上色。

無花果核桃義大利脆餅

Cookie & Biscuit 4-7

培根胡椒餅乾

很適合搭配紅酒的一款鹹餅乾。
我個人很喜歡胡椒的味道，所以我自己做的話，
胡椒粉的量會比食譜中放的更多一些，
吃進嘴裡就能感受到胡椒特有的香氣和微辣刺激感。
胡椒的份量可依個人喜好自行增減。

材料〔份量20片〕

◇ 培根	15g
◇ 奶油	45g
◇ 雞蛋	30g
◇ 砂糖	15g
◇ 帕瑪森起士粉	35g
◇ 現磨胡椒粉	2g
◇ 低筋麵粉	90g

1. 培根鋪在烘焙紙上，放入180℃的烤箱，烤5分鐘，使其酥脆。
2. 烤好的培根放涼後，切成小碎末。
3. 奶油隔水加熱至完全融化。
4. 融化的奶油中，加入雞蛋、砂糖、帕瑪森起士粉、現磨胡椒粉後，攪拌均勻。
5. 低筋麵粉篩入4中拌勻，再加入培根碎末，搓揉成團。
6. 麵團塑形成直徑5cm的圓柱狀，用烘焙紙包好，放入冰箱冷凍30分鐘，使麵團凝固。
7. 將6切成每片厚0.7cm的圓片狀。
8. 放入170℃的烤箱，烤12～15分鐘。

Tip

- 烘烤好的培根，要用廚房紙巾擦乾多餘油脂，才能烤出酥脆不油膩的餅乾。培根本身就有鹹味，若覺得餅乾太鹹，可以減少培根或帕瑪森起士粉的量來降低鹹度。

Cookie & Biscuit 4-8

椰子蛋白糖霜脆條

很多人都覺得蛋白糖霜餅乾很甜,這道食譜將改變你的刻板印象。
製作成長條狀,可以直接拿著吃,也可以用來裝飾蛋糕或冰淇淋。

材料

+ 1cm圓形擠花嘴

- 蛋白　　60g
- 砂糖　　80g
- 糖粉　　25g
- 椰子粉　30g

1. 蛋白打至稍微起泡後,分3次加入砂糖,打發成結實蓬鬆的10分發蛋白霜。
2. 糖粉和椰子粉篩入1中,翻拌均勻。
3. 擠花嘴和擠花袋組裝好後,裝入2的蛋白糖霜,在鋪好矽膠烘焙墊的烤盤上擠出長條直線。
4. 依據個人喜好,撒上葵瓜子、榛果碎或開心果碎。
5. 放入100℃的烤箱,烤1小時30分鐘,烤至水分散發,口感變酥脆。

Tip

・若希望烤好的蛋白糖霜脆條和雪一樣白皙,烤箱溫度請調整至100℃以下,並將烘烤時間延長10～20分鐘。

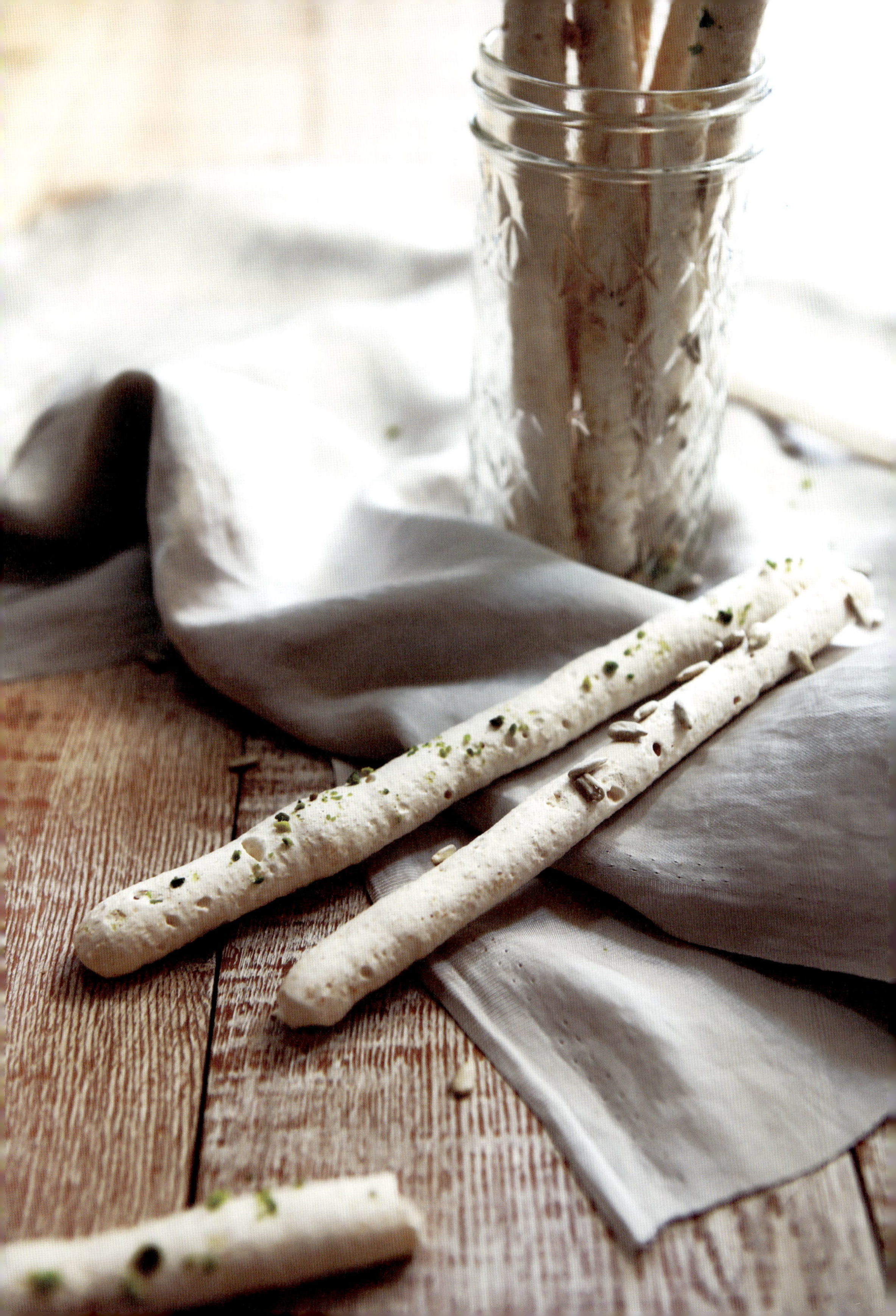

餅乾包裝 DIY

Cookie & Biscuit 4-9

A 核桃芝麻糖

1. 準備OPP蛋糕紙、包裝紙、貼紙、紙魔帶。
2. OPP蛋糕紙裁切成適當大小，放上核桃芝麻糖並排列整齊，用蛋糕紙將餅乾捲一圈後，用包裝紙圈住2/3做裝飾，再用蛋糕紙全部捲到底。
3. 蛋糕紙兩端旋緊，綁上紙魔帶，呈糖果狀。
4. 貼上貼紙做裝飾。

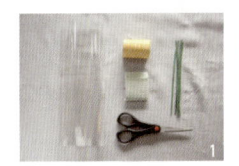

B 花生醬餅乾

1. 準備OPP餅乾袋、烘焙用紙杯、空白紙吊牌、印章、拉菲草紙繩。
2. 用印章在空白紙吊牌上蓋上自己喜歡的圖案。
3. 餅乾用OPP餅乾袋一片一片裝好，疊入烘焙用紙杯中，取另一個烘焙用紙杯倒蓋在上面。
4. 烘焙紙杯一起上下翻轉，將拉菲草紙繩在紙杯底面以十字交叉擺放，再用膠帶黏在底部。
5. 烘焙紙杯翻轉回來，用紙繩在上方打成十字交叉結。
6. 蓋好印章的吊牌綁在紙繩上。

Natural Baking Book

C 香草餅乾

1. 準備彩色絹紙、OPP餅乾袋、貼紙。
2. 數片香草餅乾疊在一起，裝入OPP餅乾袋中。
3. 餅乾放在絹紙中央，把紙張有順序地向頂部的圓心折疊，做出漂亮的皺褶。
4. 頂部圓心接縫處用貼紙黏合。

D 燕麥蕾絲脆餅

1. 準備方形烘焙用紙杯、OPP餅乾袋、彩色絹紙、緞帶、貼紙。
2. 燕麥蕾絲脆餅一起裝入OPP餅乾袋中。
3. 方形烘焙用紙杯鋪入一張絹紙，再放上包好的餅乾，絹紙四角向中心靠攏。
4. 用緞帶將紙杯由上到下繞一圈，在上方用貼紙將緞帶兩端及絹紙四角黏在一起。

餅乾包裝DIY

E 燕麥脆餅

1. 準準備有蓋的圓形塑膠杯、烘焙襯紙杯、空白貼紙、印章、緞帶。
2. 用印章在空白貼紙上蓋上自己喜歡的圖案。
3. 2條緞帶各用貼紙黏住其中一端。
4. 餅乾直立放入塑膠杯中,蓋上蓋子,放上一張烘焙襯紙杯。
5. 黏有緞帶的2張貼紙各黏在塑膠杯的對立側面,緞帶朝上延伸。
6. 2條緞帶在頂面中心處打結。

F 無花果核桃義大利脆餅

1. 準備飲料杯、杯套、OPP塑膠袋、拉菲草紙繩。
2. 義大利脆餅放入飲料杯中,裝入OPP塑膠袋內。
3. 塑膠袋口旋緊,用2條拉菲草紙繩綁緊,兩端保留等長的紙繩。
4. 把紙繩編成辮子。

G 培根胡椒餅乾

1. 準備圓形慕斯杯、包裝紙、藍莓造型魔帶吊牌。
2. 餅乾放入圓形慕斯杯中，蓋上蓋子。
3. 慕斯杯放在包裝紙中央，用包裝紙將慕斯杯包緊。
4. 頂部包裝紙收口處，用藍莓造型魔帶吊牌綁緊。

H 椰子蛋白糖霜脆條

1. 準備烘焙包裝紙袋、蛋糕襯紙、印章、空白紙吊牌、OPP塑膠袋、麻繩（棉繩）、釘書機。
2. 椰子蛋白糖霜脆條裝入OPP塑膠袋中。
3. 用印章在空白紙吊牌上蓋上自己喜歡的圖案。
4. 烘焙包裝紙袋用剪刀在中間偏下的地方剪一個長方形窗口。
5. 裝有椰子蛋白糖霜脆條的塑膠袋放入紙袋中，袋口向下折，用釘書針定位。
6. 蛋糕襯紙對折，黏在紙袋上，接近袋口處的中央，開一個小洞。
7. 麻繩穿過小洞，背面打一個扭結固定，在正面打上蝴蝶結，並綁上紙吊牌。

餅乾包裝DIY

Part 5
Tea Food

BAKING RECIPE

午茶時光的
甜點

Tea Food 5-1

君度橙酒巧克力蛋糕

柳橙和巧克力是很搭的兩種食材。
君度橙酒則是用橙皮浸軟後，蒸餾而成的柑橘香甜酒，味道清香淡雅。

A 君度橙酒巧克力蛋糕基底

材料

✦ 20連迷你馬芬蛋糕模

雞蛋	72g
砂糖	45g
低筋麵粉	39g
杏仁粉	26g
可可粉	9g
泡打粉	1g
奶油	52g
黑巧克力（Valrhona Guanaja）	32g
君度橙酒	8g

1. 另外取一些奶油融化後，刷在迷你馬芬蛋糕模內，並撒上手粉。
2. 雞蛋、砂糖放入調理盆，隔水加熱，使蛋液維持在40℃左右。
3. 用高速充分打發至蛋液顏色泛白，泡沫變蓬鬆。
4. 低筋麵粉、杏仁粉、可可粉、泡打粉篩入3中，翻拌均勻。
5. 奶油和黑巧克力加熱至40℃融化後，加入4中一起拌勻。
6. 最後加入君度橙酒拌勻。
7. 麵糊裝入擠花袋，注入1的烤模中，約7分滿即可。
8. 放入170℃的烤箱，烤12～15分鐘。
9. 蛋糕基底烤好後，馬上脫模，並刷上君度橙酒，靜置冷卻。

B 甘納許巧克力餡

材料

- 黑巧克力　　　40g
  （Valrhona Guanaja）
- 鮮奶油　　　　40g
- 常溫奶油　　　10g

1. 黑巧克力隔水加熱融化；鮮奶油加熱至45℃，分3次加入融化的黑巧克力中，用橡皮刮刀攪拌至均勻滑順。
2. 將1降溫至35℃，取一部分1與常溫奶油拌勻，使其質地相近後，再加入1中攪拌均勻。
3. 裝入擠花袋中，放置在常溫下，使其凝固到適當濃度。

C 巧克力淋面醬

材料

- 鮮奶油　　　　50g
- 牛奶　　　　　50g
- 果糖　　　　　37g
- 可可粉　　　　5g
- 吉利丁片　　　2g
- 黑巧克力　　　100g
- 君度橙酒　　　5g

1. 吉利丁片用冰水浸泡10分鐘。
2. 鮮奶油、牛奶、果糖、可可粉放入鍋中，煮至可可粉融化。

3 將2降溫至70℃後，加入泡好的吉利丁片攪拌至融化。

4 黑巧克力加入3中，攪拌至融化，表面變得滑順、光亮。

5 最後加入君度橙酒拌勻。

D 完成！

材料

- ◇ 星形擠花嘴
- ◇ 糖漬橙皮　　　少許
- ◇ 開心果碎　　　少許

1 星形擠花嘴和擠花袋組裝在一起，裝入甘納許巧克力餡，擠在君度橙酒巧克力蛋糕基底上面。

2 將1放入冰箱冷凍30分鐘，使巧克力餡凝固。

3 巧克力淋面醬降溫至30℃，淋在凝固好的2表面。

4 放上糖漬橙皮及開心果碎做裝飾。

Tip

- 甘納許巧克力餡降溫至適當濃度，稍微凝固後，會比較好操作，不會滴得到處都是。若是放入冰箱，很可能會瞬間降溫過頭，凝固到無法擠出，所以建議放在常溫中降溫即可。夏天約需1小時30分鐘，冬天約需30分鐘，巧克力餡靜置變濃稠後再操作即可。

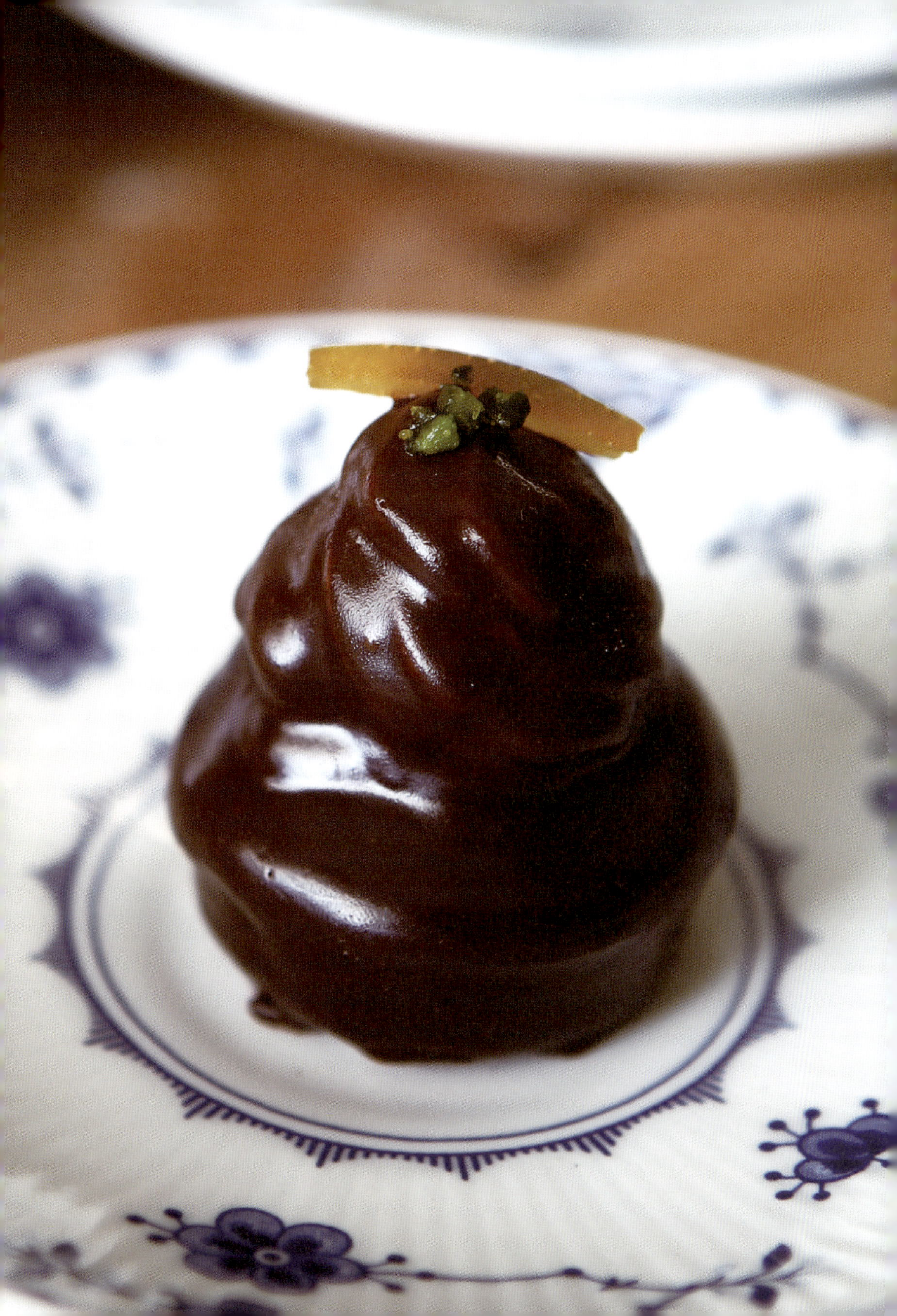

Tea Food 5-2

檸檬椰子蛋糕條

慵懶的午後，想來一杯下午茶和一塊清爽不油膩的蛋糕，推薦這款檸檬椰子蛋糕條。

A 酥粒基底

材料〔份量10個〕

+ 15x15cm方形慕斯圈

◇ 低筋麵粉	32g
◇ 杏仁粉	24g
◇ 糖粉	25g
◇ 冷藏奶油	36g
◇ 椰子絲	18g

1. 低筋麵粉、杏仁粉、糖粉過篩後，放入冷藏的冰奶油，用刮板反覆切割成細小粉粒狀。

2. 用手輕輕搓揉成較大的酥粒狀後，加入椰子絲拌勻。

3. 慕斯圈放在鋪好烘焙紙的烤盤上，將 2 倒入，用手鋪平並按壓緊實。

4. 放入170℃的烤箱，烤12～15分鐘。

B 檸檬餡&完成

材料

◇ 雞蛋	75g
◇ 蛋黃	15g
◇ 砂糖	40g
◇ 檸檬汁	25g
◇ 檸檬皮末	15g
◇ 杏仁粉	40g

1. 檸檬用小蘇打粉水浸泡12小時，去除表皮的臘及農藥。
2. 用果皮刨刀刨下檸檬皮末。
3. 用榨汁器榨取檸檬汁。
4. 雞蛋、蛋黃放入調理盆打散後，隔水加熱，使蛋液維持在40℃左右，打發至蛋液顏色泛白。
5. 檸檬汁、檸檬皮末、杏仁粉加入 4 中拌勻，再打發2分鐘左右。
6. 酥粒基底烤好後放涼，將 5 倒入並鋪平，放入165℃的烤箱，烤20分鐘。（烤至表面呈金黃色澤。）
7. 放入冰箱冷藏2小時，使蛋糕充分冰涼後，切塊。

Tip

- 倒入檸檬餡後，還需要再烤20分鐘，所以第一次烘烤酥粒基底時，不要烤到上色。
- 這道食譜是以檸檬的酸香為主軸的甜點，檸檬汁請用新鮮檸檬現榨，若有剩的檸檬汁或檸檬皮末，可以放入冰箱冷凍保存，待下次烘焙點心時使用。

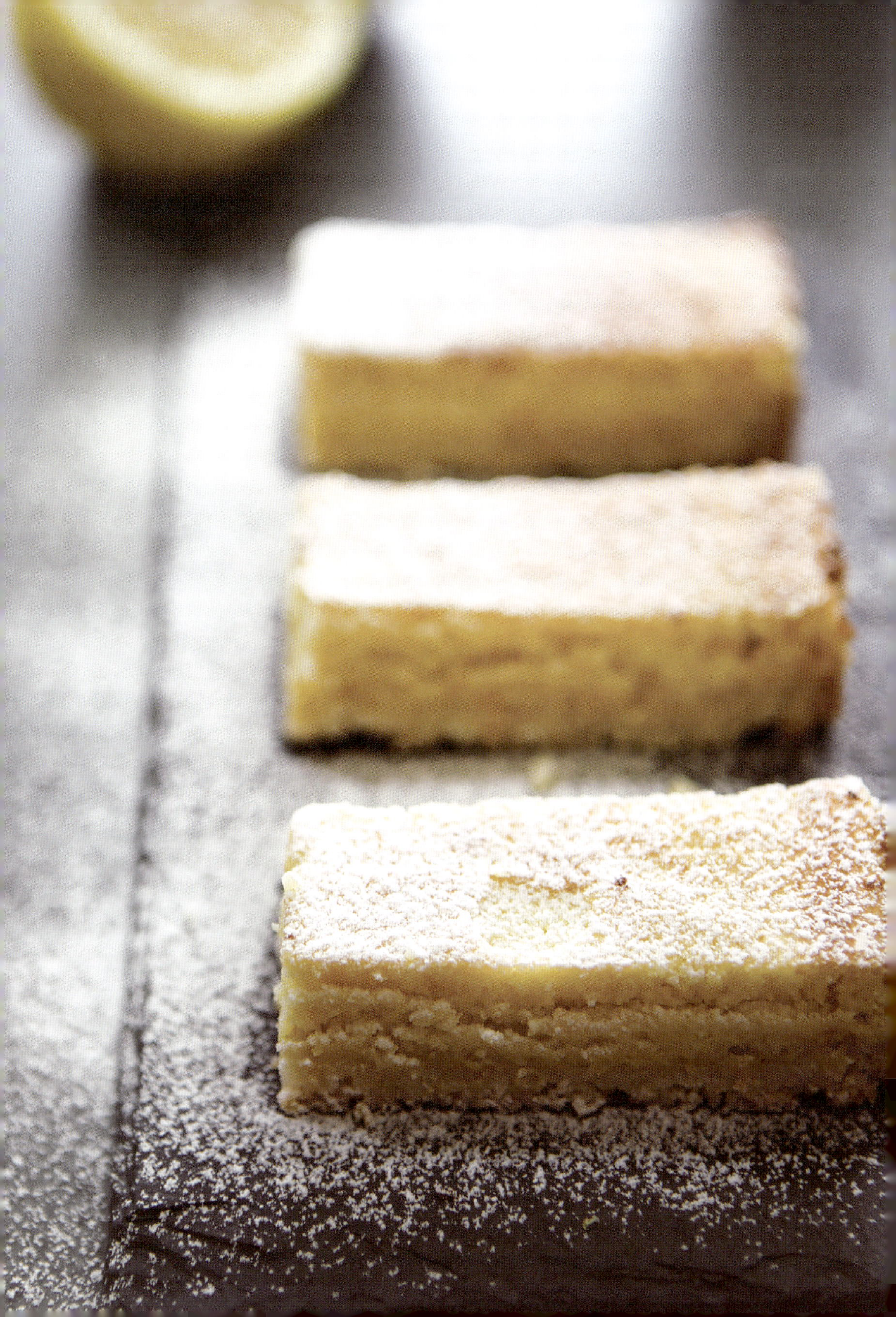

Tea Food 5-3

覆盆子磅蛋糕

覆盆子的盛產期在5～6月,是很適合製作甜點的季節。
介紹這款使用新鮮覆盆子、覆盆子香甜酒,從裡到外都有覆盆子的磅蛋糕。

A 磅蛋糕

材料

✦ 23x4.5x6cm長方形蛋糕模

◇ 雞蛋	65g
◇ 蜂蜜	9g
◇ 砂糖	35g
◇ 低筋麵粉	54g
◇ 杏仁粉	12g
◇ 奶油	60g
◇ 覆盆子香甜酒	9g
◇ 冷凍覆盆子	12顆

1　蛋糕模內鋪入烘焙紙。

2　雞蛋、蜂蜜、砂糖放入調理盆打散後,隔水加熱,使蛋液維持在40℃左右。

3　用高速充分打發至蛋液顏色泛白,泡沫變蓬鬆。

4　低筋麵粉、杏仁粉篩入3中,翻拌均勻。

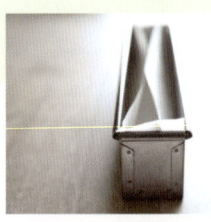

5. 奶油加熱至40℃融化後，取一部分 4 先與融化奶油拌勻，使其質地相近後，再倒入 4 中一起拌勻。
6. 最後加入覆盆子香甜酒拌勻，完成麵糊。
7. 將 6 裝入擠花袋，注入烤模中，冷凍覆盆子以固定間距排列在麵糊中央。
8. 放入160℃的烤箱，烤20～23分鐘。

B 覆盆子果醬

材料

◇ 冷凍覆盆子	50g
◇ 砂糖	35g
◇ 檸檬汁	7g

1. 冷凍覆盆子和砂糖放入銅鍋中拌勻。
2. 開中火煮滾後，繼續攪拌，熬煮5分鐘。
3. 汁液變濃稠後，加入檸檬汁，再煮1分鐘，關火。

覆盆子磅蛋糕

C 檸檬淋面醬

材料

- 糖粉　　80g
- 檸檬汁　16g

1. 糖粉及檸檬汁放入調理盆中拌勻。

D 完成！

材料

- 蘋果薄荷葉　少許
- 覆盆子　　　少許

1. 用刷子將剛煮好的覆盆子果醬塗刷在磅蛋糕表面。
2. 將1放入冰箱冷凍30分鐘，使果醬凝固。（凝固至用手觸摸果醬不會沾手的程度。）
3. 用刷子在2表面刷上檸檬淋面醬。
4. 放上蘋果薄荷葉及覆盆子做裝飾。

Tip

- 覆盆子果醬煮好後，趁熱塗刷在磅蛋糕上，比較不會結塊，塗刷均勻。刷好果醬的磅蛋糕先放入冰箱冷凍一下，再刷檸檬淋面醬，這樣不僅方便塗刷，兩種醬也不會混在一起。

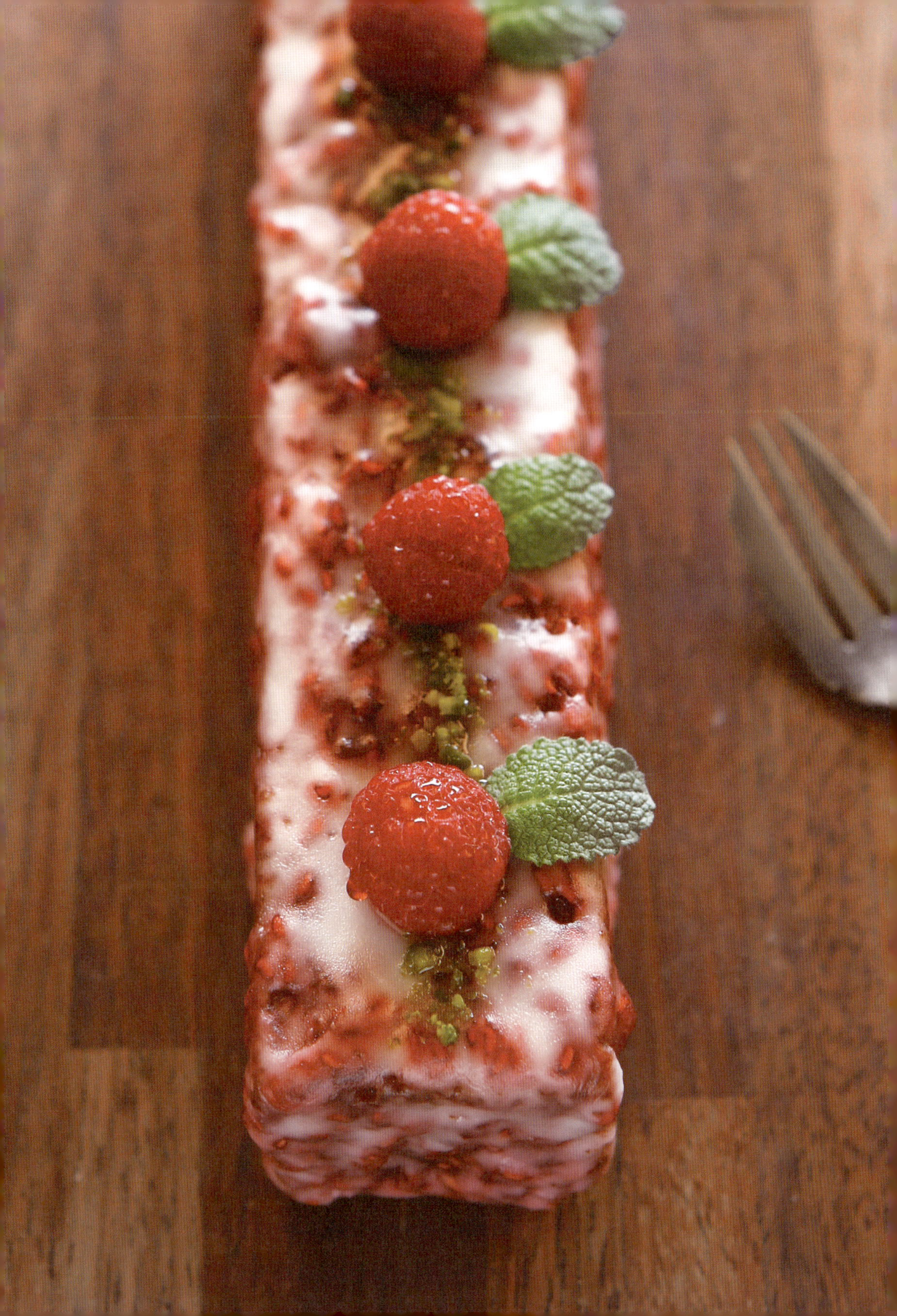

Tea Food 5-4

黑啤酒杯子蛋糕

別擔心甜點裡放這麼多啤酒會不會醉，
麵團中的酒精經過加熱大多會蒸發，留下黑麥香及淡淡酒香。
甘納許巧克力餡中加入了貝禮詩香甜奶酒，一口咬下，
奶酒的酒香瞬間在口中散發開來，是專屬於大人的甜點。

A 黑啤酒巧克力杯子蛋糕

材料〔份量12個〕

+ 12連馬芬蛋糕模（每格底部直徑5.5cm、高4.5cm）
+ 烘烤用紙杯 12個

材料	份量
◇ 健力士黑啤酒	150g
◇ 奶油	135g
◇ Valrhona可可粉	54g
◇ 雞蛋	72g
◇ 砂糖	115g
◇ 低筋麵粉	153g
◇ 小蘇打粉	3.5g
◇ 鹽	1g
◇ 原味優格	90g

1　黑啤酒、奶油加入鍋中拌勻，並加熱煮至奶油融化。

2　可可粉倒入1中，用打蛋器攪拌均勻。

3　雞蛋、砂糖放入調理盆，隔水加熱，以高速打發成顏色泛白的蓬鬆泡沫。

4　將2分數次加入3中，用打蛋器拌勻。

5　低筋麵粉、小蘇打粉、鹽篩入4中，翻拌均勻。

6　最後加入優格拌勻。

7　烘焙用紙杯鋪入馬芬蛋糕模中；麵糊裝入擠花袋，注入烘焙用紙杯內，約8分滿即可。

8　放入170℃的烤箱，烤20～25分鐘。

B　貝禮詩甘納許巧克力餡

材料

◇ 黑巧克力	40g
（Valrhona Guanaja）	
◇ 鮮奶油	40g
◇ 常溫奶油	10g
◇ 貝禮詩香甜奶酒	10g

1　黑巧克力放入調理盆，隔水加熱至完全融化。

2　鮮奶油加熱到45℃後，分2～3次加入**1**中攪拌均勻。

3　常溫奶油打軟後，取一部分**2**先與奶油拌勻，使其質地相近後，再倒入**2**中一起拌勻。

4　最後加入貝禮詩香甜奶酒拌勻。

黑啤酒杯子蛋糕

C 牛奶甘納許巧克力醬

材料

◇ 常溫奶油　　　120g
◇ 牛奶巧克力　　40g

1　奶油用打蛋器打軟。

2　牛奶巧克力加熱到30℃融化後，加入 1 中，用打蛋器拌勻。

D 完成！

1　使用蘋果去核器，在放涼的杯子蛋糕中心挖一個洞。

2　貝禮詩甘納許巧克力餡裝入擠花袋，擠入 1 的洞中，放入冰箱冷凍15分鐘，使其凝固。

3　牛奶甘納許巧克力醬塗抹在杯子蛋糕頂部做裝飾。

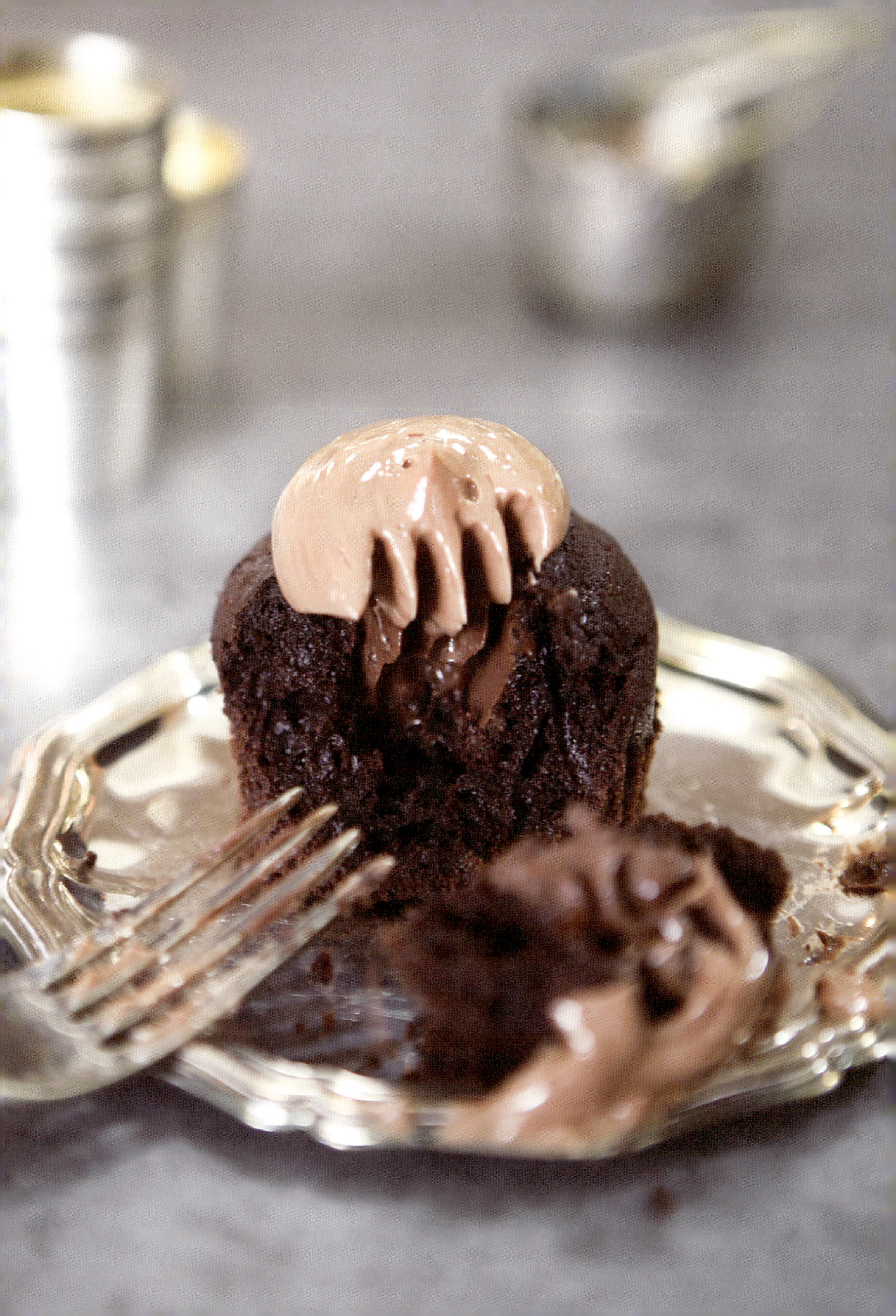

Tea Food 5-3

開心果費南雪

費南雪加入了焦化奶油,具有焦化奶油特有的榛果香氣,外酥內軟,風味絕佳。
　　費南雪的法文為 financier,意思是金融家,由巴黎金融中心一位甜點師所研發。為了讓附近金融家們方便吃點心,製作成「金塊」狀的蛋糕,所以又稱為金磚蛋糕。

材料〔份量10～12個〕

✦ 矽膠12連費南雪蛋糕模

◇ 奶油	100g
◇ 常溫蛋白	95g
◇ 低筋麵粉	30g
◇ 杏仁粉	40g
◇ 開心果粉末	15g
◇ 糖粉	65g
◇ 泡打粉	2g
◇ 開心果醬	25g
◇ 開心果碎	3g

1　奶油放入銅鍋中煮至焦糖色,用濾網過濾,去除雜質。

2　蛋白放入調理盆,用打蛋器打成粗大的泡沫。

3　低筋麵粉、杏仁粉、開心果粉末、糖粉、泡打粉篩入2中,攪拌均勻。

4　開心果醬加入3中拌勻;焦化奶油降溫至60～70℃,分2次加入麵糊中,攪拌至滑順狀態。

5　將4裝入擠花袋,注入費南雪蛋糕模中,約7分滿即可。麵糊表面撒上開心果碎。

6　放入180℃的烤箱,烤10～12分鐘。

Tip

・蛋白在開始製作前1小時,請先從冰箱中取出,放置在常溫下退冰。若使用冷藏狀態的冰蛋白,攪拌時糖粉會結塊,要花更長時間才能拌勻麵糊,烤出來的費南雪會變得很硬。

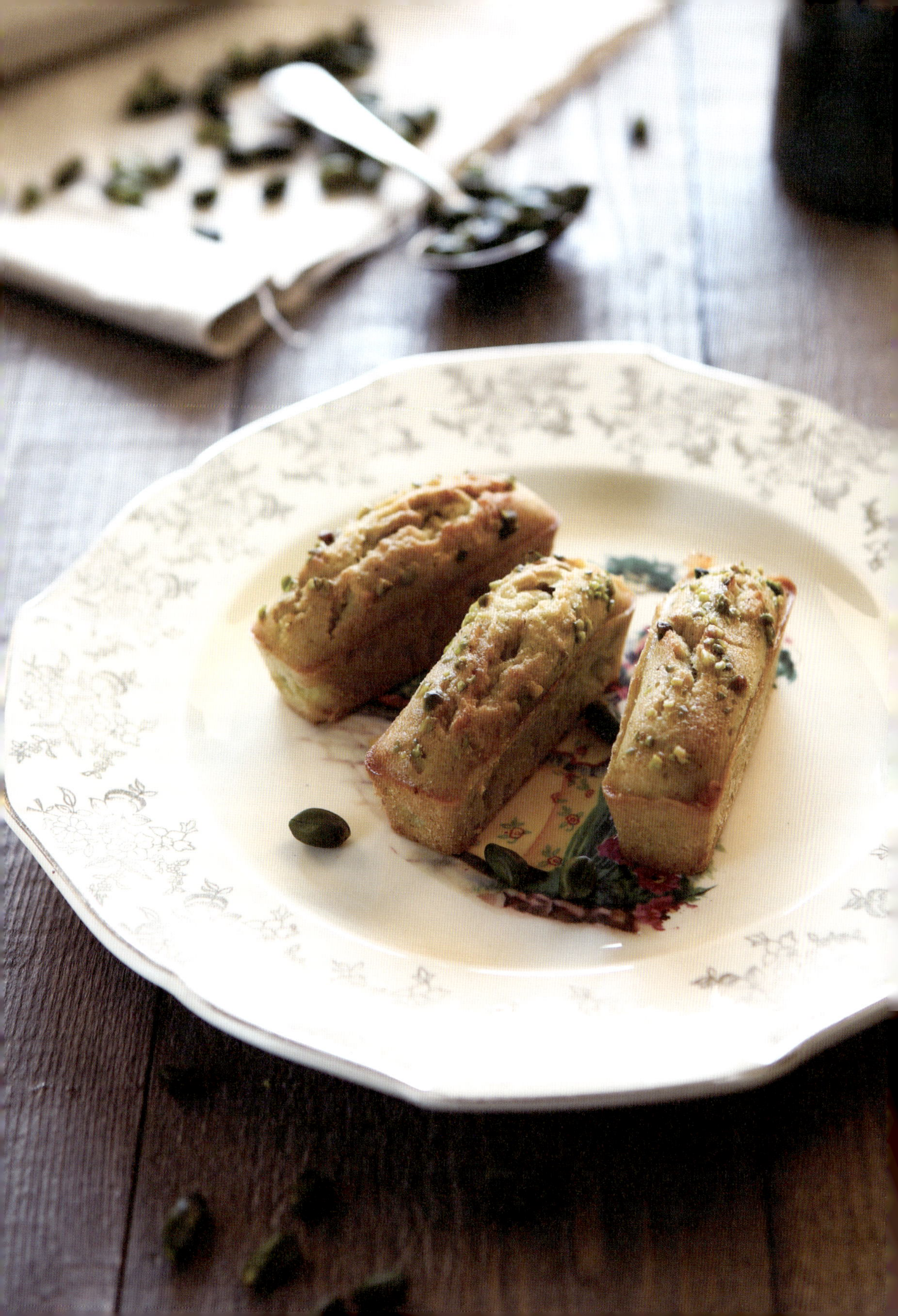

Tea Food 5-6

焦糖堅果磅蛋糕

並不是每種加了焦糖的甜點都一定很甜，自製焦糖醬，就能控制甜度，磅蛋糕表面淋上焦糖醬並放上各種堅果，更能突顯焦糖的風味。

A 焦糖醬

材料

- 砂糖　　90g
- 鮮奶油　110g

1. 砂糖放入銅鍋，煮至融化後，再繼續煮至顏色變成深褐色。
2. 鮮奶油另外加熱至沸騰，分2～3次加入1中，用橡皮刮刀迅速攪拌至完全混和。
3. 再重新加熱煮滾後，裝入小碗中放涼。

B 焦糖堅果磅蛋糕

材料〔份量2個〕

✚ 14x6x5cm長方形蛋糕模2個

- 常溫奶油　72g
- 砂糖　　　25g
- 常溫雞蛋　40g
- 焦糖醬　　65g
- 低筋麵粉　48g
- 高筋麵粉　12g
- 杏仁粉　　20g
- 泡打粉　　2g
- 胡桃碎　　40g

1. 另外取一些奶油融化後，塗刷在蛋糕模內，並撒上手粉。
2. 調理盆中放入常溫奶油，再分2次加入砂糖，攪拌至絨毛狀。
3. 分3次加入雞蛋，以高速充分攪拌，使蛋液完全融入。
4. 加入焦糖醬拌勻。
5. 篩入低筋麵粉、高筋麵粉、杏仁粉、泡打粉，用橡皮刮刀翻拌均勻。
6. 加入胡桃碎拌勻。
7. 拌好的麵糊裝入擠花袋，注入蛋糕模內，約7分滿即可。用橡皮刮刀將麵糊表面刮成中間凹陷、兩邊高起的圓弧狀。
8. 放入170℃的烤箱，烤25～30分鐘。

焦糖堅果淋醬&完成

材料

◇ 焦糖醬　　　　　　　　　　　　　　　　100g
◇ 綜合堅果（榛果、杏仁、葵瓜子、黑豆）　75g

1　100g焦糖醬加熱。

2　綜合堅果放入170℃的烤箱，烤10分鐘，使其酥脆後，加入1中拌勻。

3　將2（焦糖堅果淋醬）淋在烤好的磅蛋糕表面。

Tip

・焦糖醬做好，可以放冰箱冷藏保存一星期。
・製作磅蛋糕麵糊時，雞蛋務必要分成3次以上慢慢加入，並用高速攪拌，使雞蛋能充分融入奶油中。

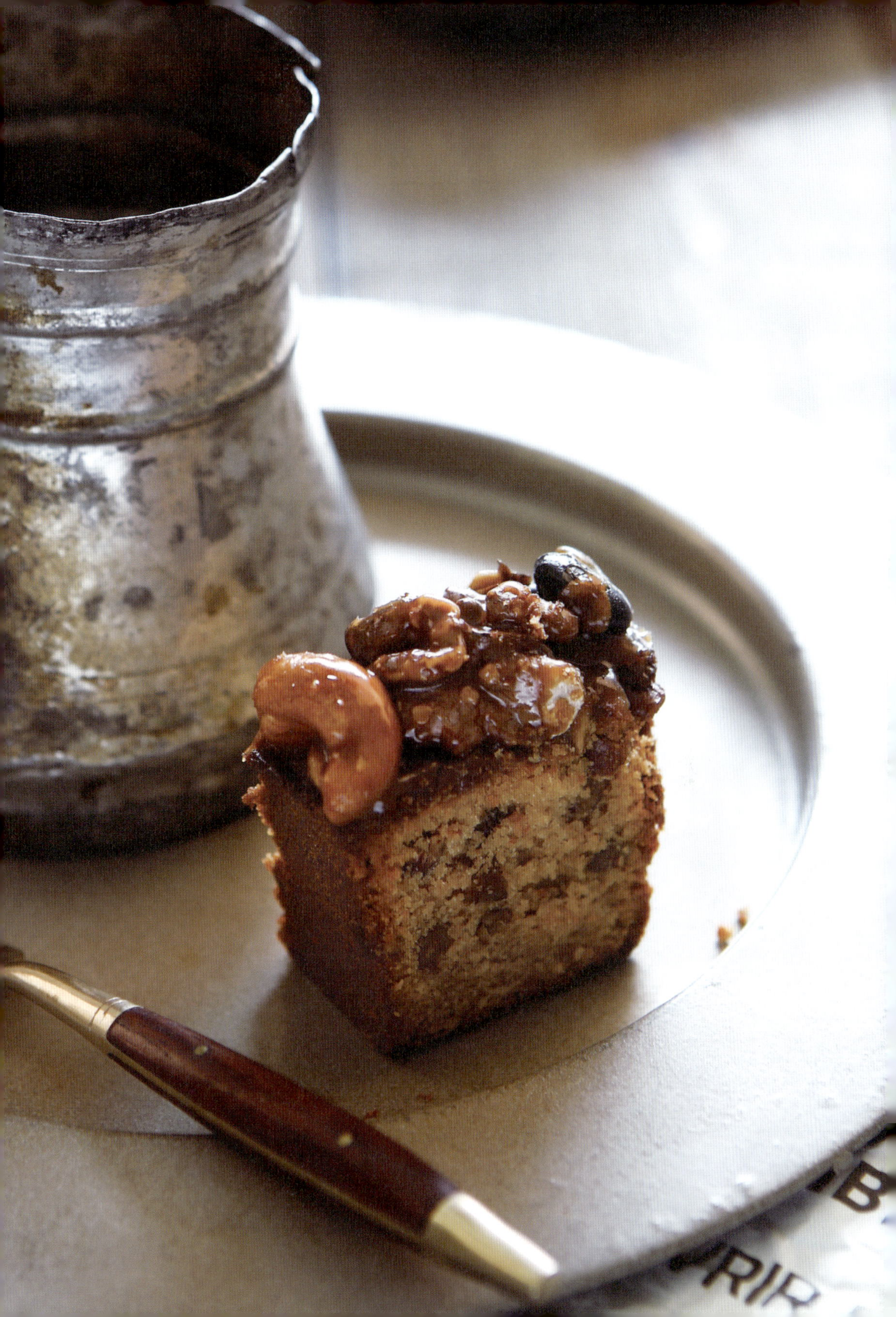

Tea Food 5-7　藍莓乳酪杯子蛋糕

迷你杯子蛋糕是烘焙課很受歡迎的一道甜點。
一盤充滿各種顏色的繽紛迷你杯子蛋糕，總是能獲得許多驚嘆。

A 藍莓乳酪杯子蛋糕

材料〔份量20個〕

+ 20連迷你馬芬蛋糕模
  （每格底部直徑4cm、高2cm）
+ 烘焙用迷你襯紙杯 20個

◇ 常溫奶油	45g
◇ 常溫奶油乳酪	35g
◇ 砂糖	68g
◇ 鹽	0.5g
◇ 常溫雞蛋	48g
◇ 低筋麵粉	84g
◇ 杏仁粉	24g
◇ 泡打粉	4g
◇ 原味優格	24g
◇ 蘭姆酒	3g
◇ 藍莓	45g

1. 常溫的奶油和奶油乳酪放入調理盆打軟後，分2次加入砂糖及鹽，充分攪拌均勻。
2. 雞蛋分3次加入1中，以高速充分攪拌，使蛋液完全融入。
3. 低筋麵粉、杏仁粉、泡打粉篩入2中，用橡皮刮刀翻拌均勻。
4. 加入優格及蘭姆酒，攪拌至麵糊變得光亮滑順。

5　加入藍莓輕輕拌勻。

6　烤模中鋪入烘烤用迷你襯紙杯。麵糊裝入擠花袋，注入襯紙杯內，約7分滿即可。

7　放入170℃的烤箱，烤13～15分鐘。

B 藍莓乳酪醬

材料

◇ 常溫奶油乳酪	50g
◇ 砂糖	20g
◇ 藍莓糖漿	5g
◇ 冷藏鮮奶油	60g

1　奶油乳酪打軟。

2　砂糖和藍莓糖漿加入1中拌勻。

3　鮮奶油打發成9分發鮮奶油霜，分2次加入2中，攪拌均勻。

藍莓乳酪杯子蛋糕　｜　195

完成！

材料

- **1cm圓形擠花嘴**
- 藍莓　　20顆

1. 1cm圓形擠花嘴和擠花袋組裝在一起，裝入藍莓乳酪醬。
2. 杯子蛋糕烤好後放涼，頂部擠上藍莓乳酪醬。
3. 放上藍莓做裝飾。

Tip

- 一般杯子蛋糕麵糊中只有使用奶油，本食譜還添加了奶油乳酪，可使烤好的蛋糕吃起來更濕潤不乾柴。

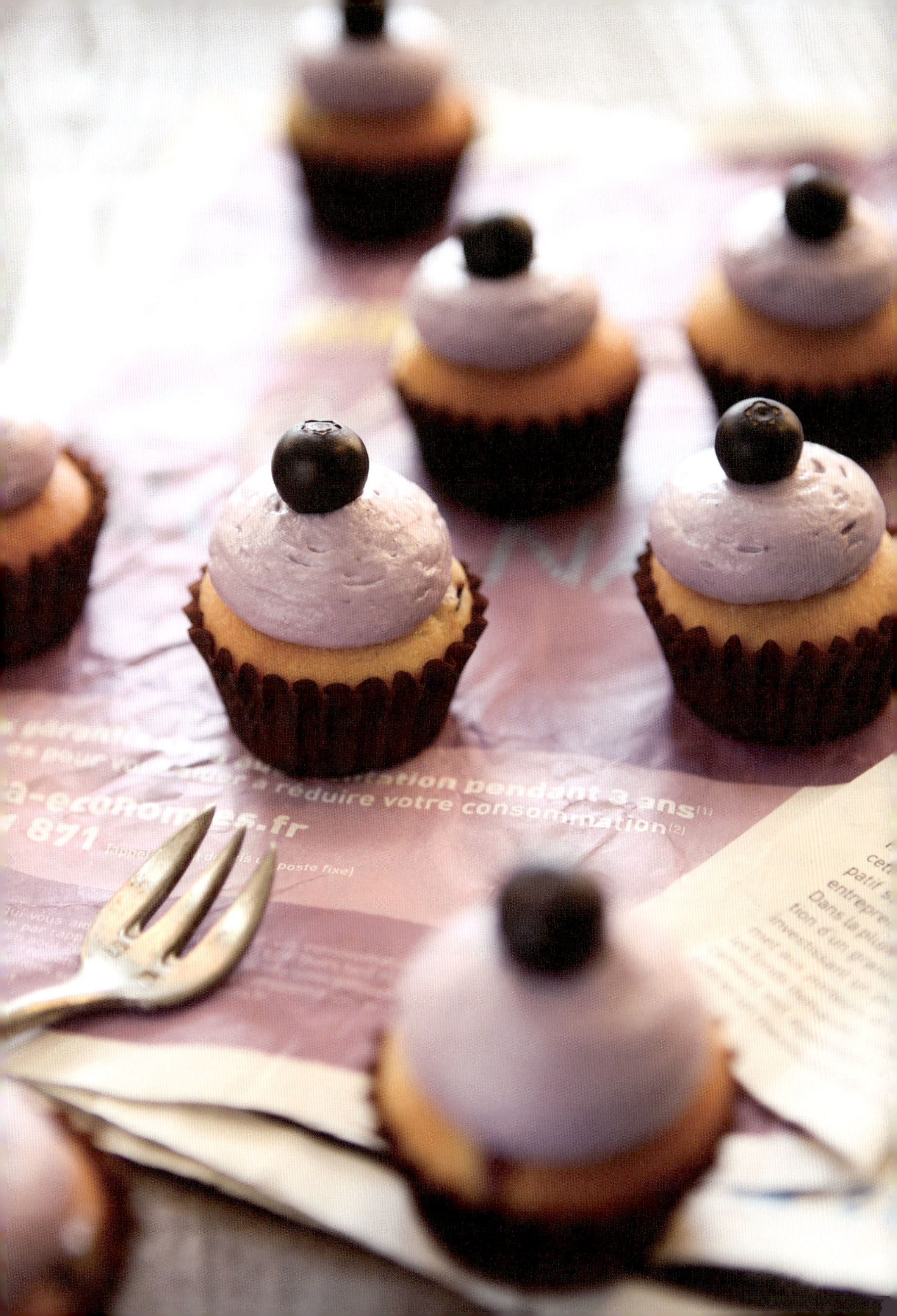

reduire votre consommation
871
poste fixe)

Tea Food 5-8

蘋果肉桂酥粒餅乾

肉桂酥粒餅乾一直是烘焙課學生相當喜歡的一道點心。
在寫食譜時，突然靈感乍現，
覺得將蘋果加入餅乾中應該也很美味，因此誕生了這道食譜。
平凡的奶油酥餅放上半乾燥蘋果醬和酥粒，
立刻變身為華麗的餅乾。

A 半乾燥蘋果醬

材料

- 蘋果　　80g
- 砂糖　　24g
- 檸檬汁　15g

1. 蘋果切成2cm小丁。
2. 切好的蘋果加入砂糖和檸檬汁拌勻。
3. 將 2 放入100℃的烤箱，烘乾30分鐘。
4. 趁蘋果醬還有微溫時，放入調理機打成泥。

B 奶油酥餅

材料〔份量12個〕

◇ 低筋麵粉	75g
◇ 泡打粉	1.5g
◇ 糖粉	27g
◇ 冷藏奶油	45g
◇ 雞蛋	22g

1. 低筋麵粉、泡打粉、糖粉一起過篩。
2. 冰奶油放入1中,用刮板反覆切成細小粉粒狀。
3. 用手輕輕搓揉成較大的酥粒狀後,加入雞蛋攪拌均勻。
4. 將3倒在麵團發酵布上,揉成一個麵團。
5. 將4的麵團擀成5mm厚的正方形平面,放入冰箱冷凍30分鐘,使其凝固。

蘋果肉桂酥粒餅乾

C 肉桂酥粒

材料

◇ 杏仁粉	12g
◇ 低筋麵粉	30g
◇ 泡打粉	1g
◇ 糖粉	12g
◇ 肉桂粉	2g
◇ 冷藏奶油	25g

1. 杏仁粉、低筋麵粉、泡打粉、糖粉、肉桂粉一起過篩。
2. 冰奶油放入1中，用刮板反覆切成細小粉粒狀。
3. 用手輕輕搓揉成較大的酥粒狀，放入冰箱冷藏，鬆弛30分鐘。

D 完成！

材料

◇ 蛋液	10g

1. 奶油酥餅麵團切成正方形小片。
2. 切好的餅乾麵團表面刷上蛋液。
3. 放上半乾燥蘋果醬，再鋪上肉桂酥粒，用手稍微按壓，以免散落。
4. 放入170℃的烤箱，烤15～18分鐘。

Tip

・想吃到蘋果的爽脆口感，可以將順序顛倒，先把肉桂酥粒鋪在奶油酥餅麵團上，再放上蘋果醬。

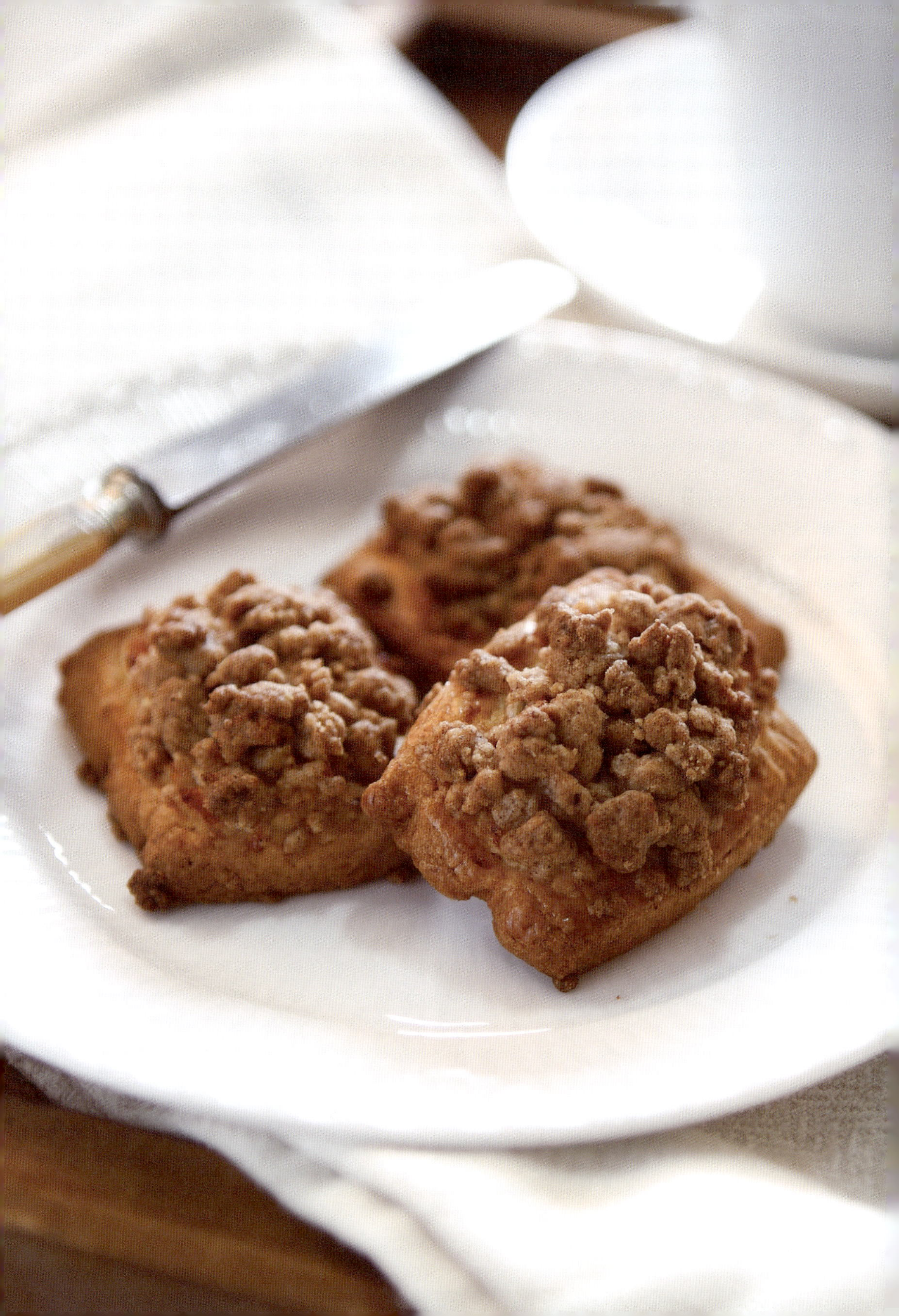

Tea Food 5-9

檸檬閃電泡芙

閃電泡芙是法國最傳統也最受歡迎的甜點之一。
可變換不同的內餡，製作成各種口味的閃電泡芙。

A 泡芙

材料〔份量8個〕

+ 1.4cm星形擠花嘴

◇ 水	45g
◇ 牛奶	15g
◇ 鹽	0.5g
◇ 奶油	30g
◇ 砂糖	4g
◇ 低筋麵粉	45g
◇ 雞蛋	75g
（±10，視麵糊的濃度增減）	
◇ 糖粉	15g

1. 水、牛奶、鹽、奶油放入鍋中加熱，奶油融化，鍋緣開始冒泡時，關火。

2. 砂糖和低筋麵過篩後，加入1中，快速攪拌均勻。

3. 鍋子放回瓦斯爐上加熱，用橡皮刮刀反覆按壓麵團，使其變成熟麵團。（用中火加熱約1分鐘，直到鍋底出現白色薄膜。）

4. 關火，將3倒入調理盆中，稍微降溫後，分次加入雞蛋快速攪拌，使麵團糊化，調合至適當的濃稠度。（用指尖捏一些麵糊，有黏性，能在指尖延展的狀態。）

5. 星形擠花嘴和擠花袋組裝在一起，裝入麵糊，在烘焙紙上擠出10cm的長條狀。

6. 在麵糊表面撒2次糖粉。

7. 放入180℃的烤箱，烤15分鐘後，調成150℃，再烤15分鐘。

B 檸檬卡士達餡

材料

- 牛奶 110g
- 蛋黃 30g
- 砂糖 30g
- 玉米澱粉 10g
- 蘭姆酒 7g
- 檸檬汁 30g
- 檸檬皮末 8g
- 常溫奶油 70g

1. 檸檬放入小蘇打水中浸泡12小時以上,去除表皮的臘及農藥。
2. 檸檬表皮刨成皮末;果肉榨成汁。
3. 牛奶放入鍋中加熱至90℃。
4. 蛋黃、砂糖放入調理盆,用打蛋器拌勻。
5. 篩入玉米澱粉攪拌均勻。
6. 分次加入熱牛奶攪拌均勻。
7. 將6倒入鍋中,用中小火加熱,並快速攪拌,以免結塊或燒焦。
8. 煮至濃稠狀後,關火,裝入新的調理盆。
9. 卡士達醬降溫後,加入蘭姆酒、檸檬汁、檸檬皮末拌勻。
10. 加入常溫奶油拌勻,增加表面的光澤度及滑順口感。

C 檸檬淋面醬

材料

- 糖粉　　　140g
- 檸檬汁　　18g
- 吉利丁片　2g

1. 糖粉、檸檬汁放入調理盆中攪拌均勻。
2. 吉利丁片泡軟後，放入微波爐加熱5秒後，倒入1中拌勻。

D 完成！

材料

- 編織籐籃擠花嘴
- 糖漬檸檬片
- 食用金箔

1. 用筷子從烤好的泡芙兩端各戳入深度約5cm的洞。
2. 檸檬卡士達餡裝入擠花袋，從泡芙兩端的洞注入內餡。
3. 編織籐籃擠花嘴和擠花袋組裝在一起，裝入檸檬淋面醬，擠在泡芙表面。
4. 放上糖漬檸檬片（檸檬片用糖水煮過後，放入烤箱烘乾）及金箔做裝飾。

Tip

- 閃電泡芙的麵糊要比一般泡芙的麵糊更濃稠一些，烤出來的泡芙才會漂亮。麵糊做好後，放入冰箱冷藏2～3小時，使麵糊變硬一點，比較方便操作。卡士達餡帶有水分，所以泡芙要盡量烤到乾燥酥脆，才不會因為吸收內餡水分而變得濕軟。

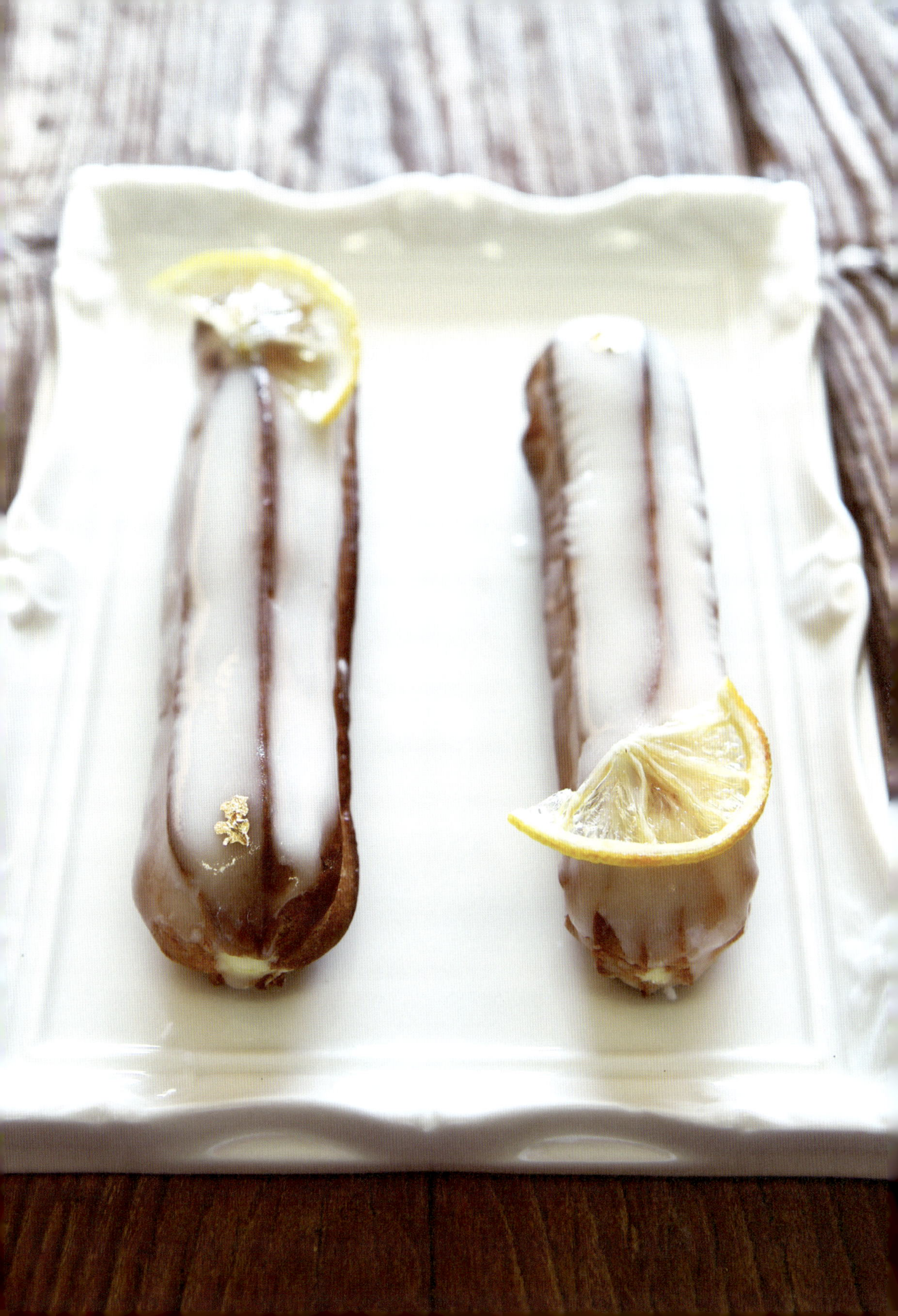

Tea Food 5-10

巧克力菠蘿泡芙

這道巧克力菠蘿泡芙是一口大小的迷你泡芙，
內餡使用甘納許巧克力餡，外層再鋪上口感酥脆的菠蘿皮。
一口一顆，越吃越順口，令人欲罷不能。

A 巧克力菠蘿皮

材料〔份量20～25個〕

材料	份量
◇ 常溫奶油	15g
◇ 砂糖	10g
◇ 蛋白	5g
◇ 低筋麵粉	22g
◇ 可可粉	3g

1. 奶油放入鍋中用打蛋器打軟後，放入砂糖拌勻。
2. 放入蛋白，用打蛋器攪拌至蛋白液完全被吸收。
3. 篩入麵粉、可可粉，用刮刀攪拌均勻後，揉成團狀，放入冰箱冷藏，鬆弛30分鐘。
4. 用擀麵棍擀成1mm厚的平面。利用擠花嘴壓出數個直徑2cm的小圓片。

B 泡芙

材料〔份量20～25個〕

✦ 1cm圓形擠花嘴

◇ 水	25g
◇ 牛奶	25g
◇ 鹽	0.5g
◇ 奶油	20g
◇ 低筋麵粉	35g
◇ 雞蛋（±10，視麵糊的濃度增減）	55g
◇ 蛋液	10g

1. 水、牛奶、鹽、奶油放入鍋中加熱。
2. 奶油融化，鍋緣開始冒泡時，關火。
3. 低筋麵過篩後，加入2中，快速攪拌均勻。
4. 鍋子放回瓦斯爐上加熱，用橡皮刮刀反覆按壓麵團，使其變成熟麵團。（用中火加熱約1分鐘，直到鍋底出現白色薄膜。）
5. 關火，將4倒入調理盆，稍微降溫後，分次加入雞蛋快速攪拌，使麵團糊化，調合至適當的濃稠度。（用橡皮刮刀舀起，麵糊呈倒三角形的狀態。）
6. 圓形擠花嘴和擠花袋組裝在一起，裝入麵糊，在烘焙紙上擠出每個直徑1.5cm的圓形麵糊。
7. 在6的表面刷上蛋液，鋪上巧克力菠蘿皮。
8. 放入190℃的烤箱，烤10分鐘後，調成150℃，再烤10～15分鐘。

巧克力菠蘿泡芙

C 焦糖甘納許巧克力醬

材料

◇ 焦糖巧克力　　　　70g
　（Valrhona Caramelia）
◇ 鮮奶油　　　　　　70g

1　鮮奶油加熱至45℃；焦糖巧克力隔水加熱至融化後，分次倒入鮮奶油，攪拌均勻。

D 完成！

1　烤好的泡芙靜置冷卻後，底部用筷子戳一個洞。
2　焦糖甘納許巧克力醬裝入擠花袋，注入泡芙內。

Tip

- 巧克力菠蘿皮太厚，可能會影響泡芙膨脹。
- 巧克力菠蘿皮的厚度以2mm為佳。

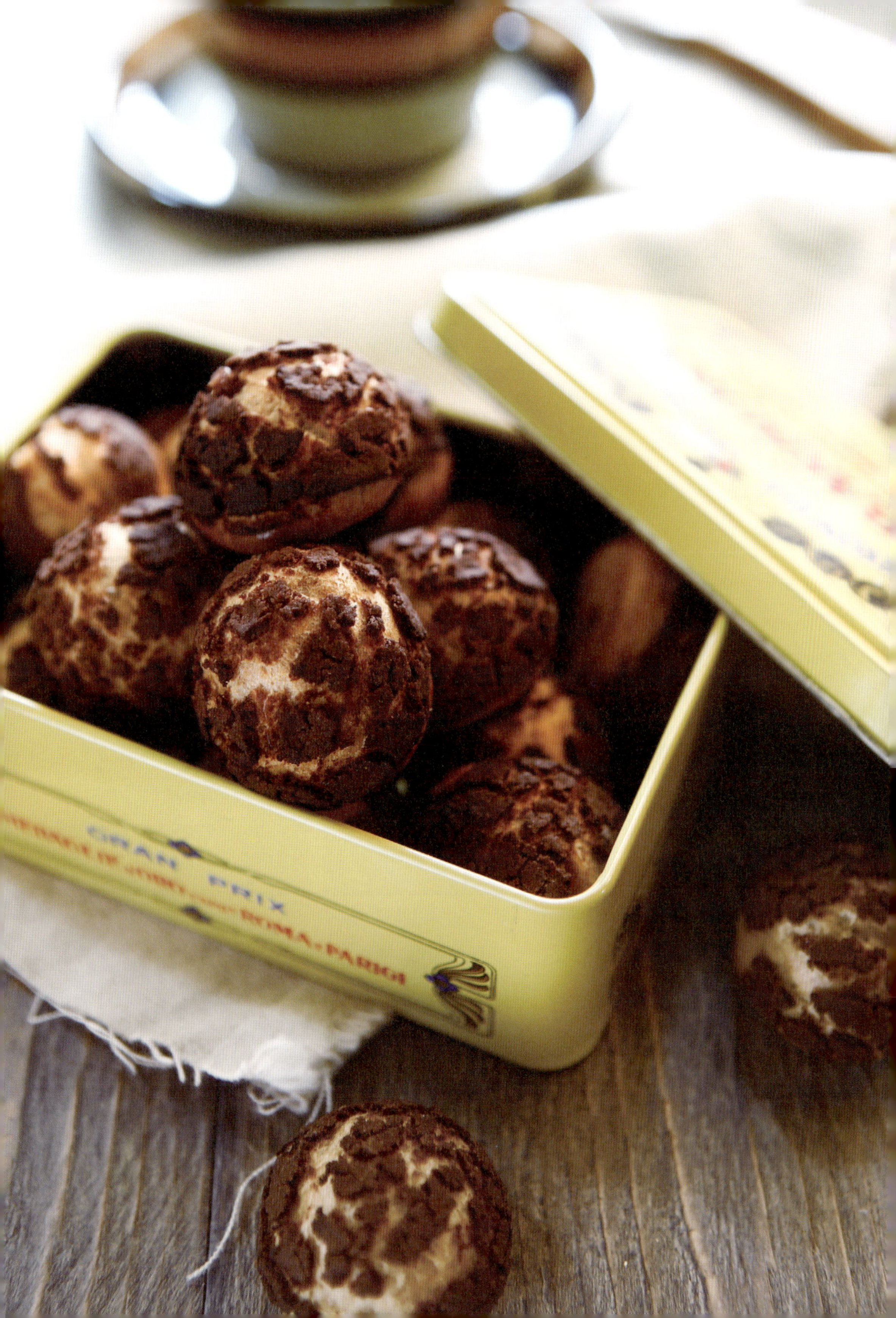

Tea Food 5-11

紅茶牛奶糖

市售的牛奶糖都太甜，這道食譜要教你自製好吃又不甜膩的牛奶糖。
想製作好吃的牛奶糖，最重要的就是加熱時的溫度，糖液必須加熱達到指定溫度，
做出的牛奶糖才會軟硬適中、不黏牙。

材料

✦ 12x12cm方形慕斯圈

鮮奶油	200g
牛奶	150g
紅茶碎末	6g
砂糖	80g
果糖	20g
常溫奶油	20g

1. 鮮奶油、牛奶、紅茶碎末放入鍋中，開火煮5分鐘。
2. 用濾網過濾掉1中的紅茶碎末。
3. 將2倒入銅鍋中，加入砂糖、果糖，以中小火持續加熱煮至116℃。
4. 達到指定溫度後，關火，倒入奶油快速攪拌均勻。
5. 慕斯圈放置在鐵盤上，將4倒入，放入冰箱冷藏至少2小時，使其凝固。
6. 從冰箱取出冰好凝固的牛奶糖並脫模。
7. 切成每個長3cm、寬1.2cm的小塊。

Tip

・這道食譜使用的茶葉是Ahmad伯爵茶。雖然這款茶包價格便宜，但是和其他昂貴的紅茶相比，已經能充分散發出紅茶的香氣及色澤。

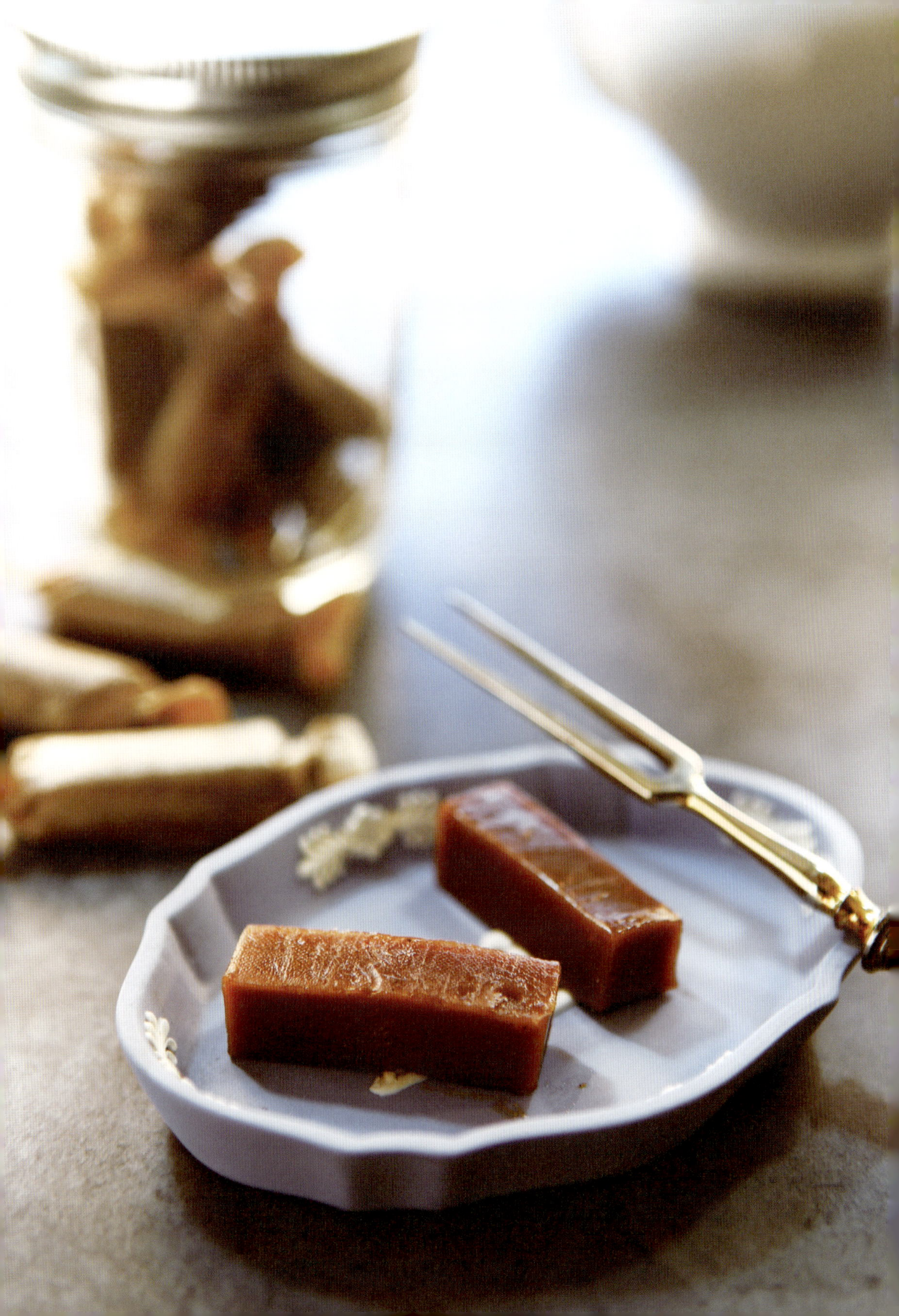

Tea Food 5-12

豆香牛奶糖

有次製作牛奶糖失敗,覺得丟掉可惜,便將牛奶糖切成小塊裹上黃豆粉,當零嘴吃,卻意外地很合口味,因此開發了這道食譜。

材料

+ 12x12cm方形慕斯圈

◇ 鮮奶油	160g
◇ 砂糖 Ⓐ	26g
◇ 果糖	22g
◇ 砂糖 Ⓑ	104g
◇ 黃豆粉	24g
◇ 常溫奶油	16g
◇ 黃豆粉	適量

1. 鮮奶油加熱至沸騰。
2. 取另一個銅鍋,放入砂糖Ⓐ、果糖,用中火煮至焦糖色。
3. 關火,分次倒入1,攪拌均勻。
4. 砂糖Ⓑ、黃豆粉放入3中,開中小火加熱至113〜115℃。
5. 達到指定溫度後,關火,倒入奶油快速攪拌均勻。
6. 慕斯圈放置在鐵盤上,將5倒入,放入冰箱冷藏至少2小時,使其凝固。
7. 從冰箱中取出冰好凝固的牛奶糖並脫模。
8. 切成每個長寬各2cm的小方塊。
9. 牛奶糖外裹上黃豆粉。

Tip
- 製作牛奶糖的過程中要不停攪拌,使糖液的溫度平均升高,才能做出好吃又不黏牙的牛奶糖。

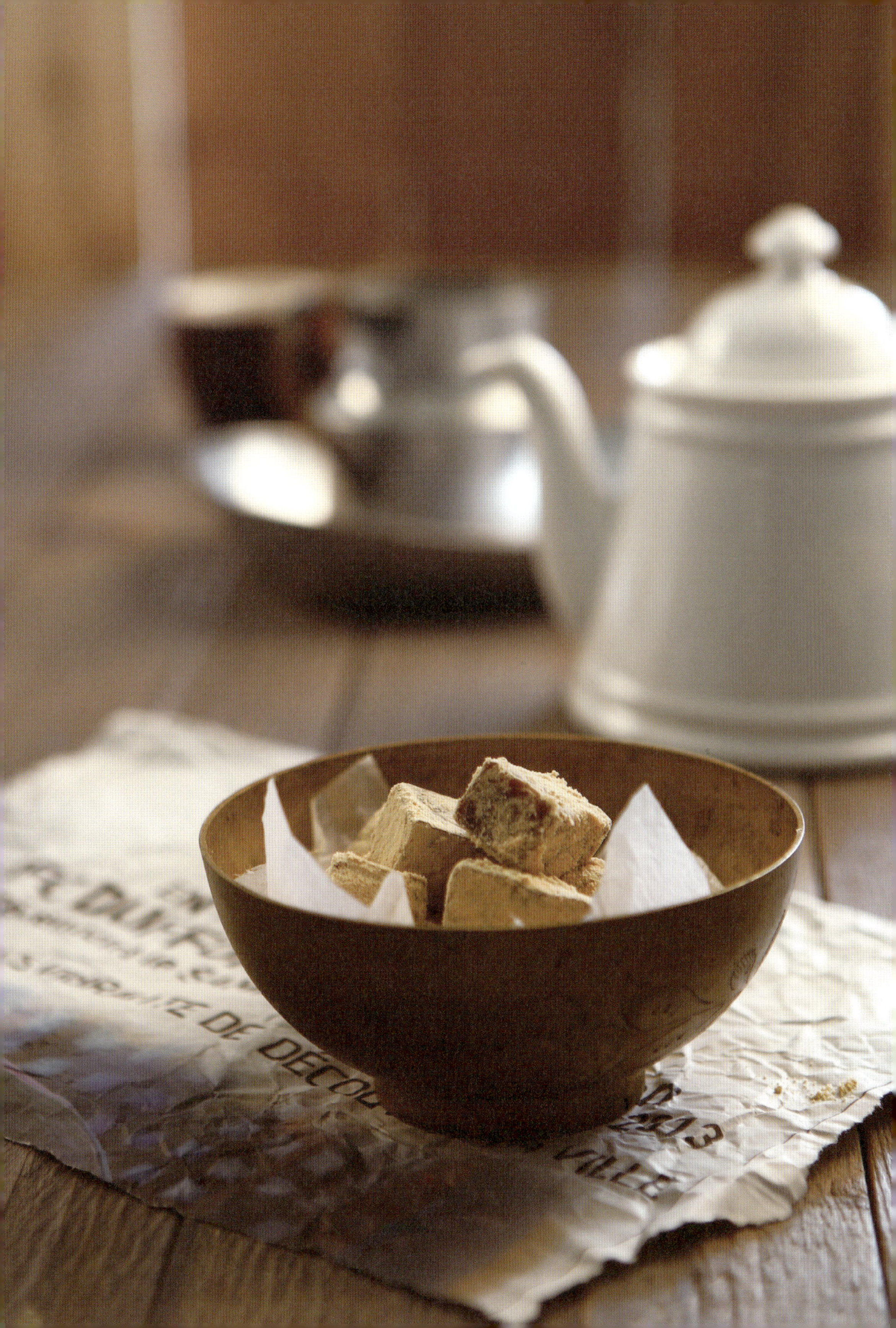

Part 6
Macaron

BAKING RECIPE

蘊含大自然風味的
馬卡龍

馬卡龍的4種主要材料和色素

蛋白

蛋白的主要作用是提供蛋白質成為馬卡龍的結構，就像是房子的樑柱。蛋白中90%是水分，其餘為蛋白質，經由打蛋器快速攪拌，蛋白中的蛋白質會包裹住空氣，形成氣泡，使馬卡龍具有蓬鬆的口感。要特別留意，製作馬卡龍時不要使用太新鮮的雞蛋，新鮮雞蛋的蛋白質較粗硬，延展性低，烤出來的馬卡龍很容易變形。使用已熟成（新鮮度較低）的蛋白，其蛋白質較薄，可塑性高，更容易包覆住空氣，形成氣泡，製作出的馬卡龍表面就會比較光滑。將製作馬卡龍的蛋白與蛋黃分離後，蛋白放入透氣的容器中，放進冰箱冷藏2～5天，使蛋白熟成，再用來製作馬卡龍。製作馬卡龍前，請記得先從冰箱取出蛋白，退冰至常溫狀態。若來不及將蛋白熟成，至少放在常溫下靜置2～3小時再使用，或是加入一些蛋白粉，使蛋白霜更容易打發。

糖粉

糖粉是馬卡龍的主要材料之一。糖粉要細緻、乾鬆，與杏仁粉及蛋白霜混合後，馬卡龍的質地才會滑順。大部分的馬卡龍食譜，糖粉與杏仁粉的份量都是1:1。一般糖粉約添加3～5%澱粉，製作馬卡龍時，可以特別選購含糖成分為100%的糖粉。

砂糖（精製細白砂糖）

砂糖的主要功用是協助蛋白包覆空氣，增加蛋白泡沫的穩定性。精製過的細白砂糖顆粒小，純度高，融化速度快，打發出來的蛋白霜更細緻、綿密。製作馬卡龍的砂糖絕對不能用糖粉或果糖替代。

杏仁粉

杏仁粉可以說是馬卡龍中最重要的食材，使用的是烘焙用的杏仁粉，一定要留意新鮮度，若杏仁粉出油或出現油耗味，請立即丟棄。未使用完的杏仁粉請用密封容器裝好，放入冰箱冷藏保存。如果杏仁粉出油或是返潮，烤出來的馬卡龍可能會龜裂、變形。開始製作馬卡龍前30分鐘，請先從冰箱取出杏仁粉，放在常溫下退冰。

食用色素

請使用食用色素，依據形態可分成液狀色素、膠狀色素、粉狀色素。

製作馬卡龍前的 STEP 1,2,3,4

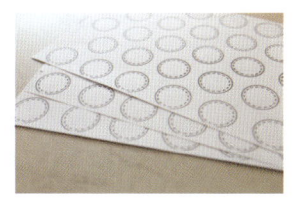

❶ **製作馬卡龍模紙**

在圖畫紙上畫出數個直徑3.5cm的圓,每個圓的間距至少保持3cm以上。若是麵糊的間距太窄,可能沒辦法烤出馬卡龍的蕾絲裙,或是需要延長烘烤時間。

❷ **組裝好擠花嘴與擠花袋**

1cm圓形擠花嘴裝入擠花袋,可先將接近擠花嘴的擠花袋扭緊,再裝入馬卡龍麵糊,防止麵糊溢出。

❸ **鋪好馬卡龍模紙和矽膠烘焙墊**

烤盤上先放一張馬卡龍模紙,再放上矽膠烘焙墊,依照馬卡龍模紙上的圖形位置,在烘焙墊上擠出數個同樣大小的馬卡龍麵糊。一般烘焙甜點,較常使用烘焙紙,但製作馬卡龍時,建議使用矽膠烘焙墊,烤出來的馬卡龍底面較平坦,馬卡龍蕾絲裙的高度也較平均。

❹ **過篩杏仁粉和糖粉** ★最重要的準備步驟★

1. 杏仁粉和糖粉放入調理盆攪拌均勻。
2. 將1倒入調理機,攪碎3秒鐘後,用橡皮刮刀攪拌一下。此動作重複3次。
3. 將2倒入麵粉篩,用橡皮刮刀攪拌,直到杏仁粉及糖粉全部篩完。
4. 殘留在麵粉篩上的雜質丟掉。
5. 用手觸摸篩好的粉,確定沒有結塊,呈鬆散狀。

製作義式蛋白霜餅

🅐 義式蛋白霜〔份量35～40個馬卡龍〕

材料

◇ 水	25g
◇ 砂糖 🅐	100g
◇ 蛋白	36g
◇ 蛋白粉	0.2g
◇ 砂糖 🅑	10g

1. 水倒入鍋中，再倒入砂糖🅐，用中火持續加熱。
2. 蛋白、蛋白粉放入調理盆中打發。
3. 當1的糖漿溫度上升到100℃時，砂糖🅑倒入2中，用高速繼續打發成蛋白霜。
4. 當1的糖漿溫度上升到118℃時，關火，糖漿緩慢倒入3中，同時高速攪拌蛋白霜。
5. 持續以高速攪拌至4的溫度降到35℃，拿起打蛋器時，蛋白霜挺立，尾巴微微勾起，表面充滿光澤。
6. 改用低速攪拌1分鐘，使蛋白霜的質地一致。

B 粉團

材料

◇ 杏仁粉	100g
◇ 糖粉	100g
◇ 蛋白	36g
◇ 食用色素	

1. 杏仁粉和糖粉用打蛋器拌勻。
2. 將 **1** 倒入調理機，攪碎3秒鐘後，用橡皮刮刀攪拌一下。此動作重複3次。
3. 將 **2** 倒入麵粉篩，用橡皮刮刀攪拌，直到杏仁粉及糖粉全部篩完。
4. 蛋白中加入色素調色。
5. 將 **4** 倒入 **3** 中，攪拌成團。（攪拌的時間盡量縮短，以免杏仁粉出油。）

C 製作麵糊

1. 粉團中加入義式蛋白霜125g（溫度35℃），用橡皮刮刀翻拌成均勻的麵糊。
2. 麵糊拌勻後，用橡皮刮刀將麵糊拉高，去除麵糊中較大的氣泡。
3. 重複 **2** 的步驟，使麵糊變得光滑有延展性。

製作義式蛋白霜餅

D 擠麵糊和烘烤

材料

✦ 43.5x32cm烤盤2個
✦ 1cm圓形擠花嘴

1. 烤盤內鋪上馬卡龍模紙和矽膠烘焙墊，1cm圓形擠花嘴及擠花袋組裝在一起，裝入麵糊，依照膜紙上的圖案，在烤盤上擠出每個直徑3cm的圓形麵糊。

2. 麵糊擠在烤盤上，用手掌用力拍打烤盤底部，並在桌面敲打幾下烤盤，以排出麵糊中的氣泡。

3. 抽出馬卡龍模紙。

4. 靜置常溫下，使麵糊表面乾燥。（30分鐘～1小時）

5. 放入140℃烤箱，烤8～9分鐘。

6. 從烤箱中取出，立即移至冷卻網上，待充分降溫後，取下蛋白霜餅。

製作法式蛋白霜餅

🅐 法式蛋白霜 〔份量35～40個馬卡龍〕

材料

◇ 杏仁粉	100g
◇ 糖粉	100g
◇ 常溫蛋白	70g
◇ 蛋白粉	0.2g
◇ 砂糖	68g
◇ 食用色素	

1. 杏仁粉和糖粉用打蛋器拌勻。
2. 將 **1** 倒入調理機，攪碎3秒鐘後，用橡皮刮刀攪拌一下。此動作重複3次。
3. 將 **2** 倒入麵粉篩，用橡皮刮刀攪拌，直到杏仁粉及糖粉全部篩完。
4. 蛋白粉加入蛋白中，打發至些微起泡後，分次加入砂糖，以高速打發。
5. 蛋白霜打發至7分發後，加入食用色素，繼續以高速打發成9分發蛋白霜。

6　改用低速攪拌1分鐘,使蛋白霜的質地一致。

7　打發好的法式蛋白霜分3次拌入 **3** 的粉類材料中,用橡皮刮刀攪拌均勻。

8　麵糊拌勻後,用橡皮刮刀將麵糊拉高,去除麵糊中較大的氣泡。

9　重複 **8** 的步驟,使麵糊變得光滑有延展性。

B 擠麵糊和烘烤

材料

✦ 43.5x32cm烤盤2個
✦ 1cm圓形擠花嘴

1　烤盤內鋪上馬卡龍模紙和矽膠烘焙墊,1cm圓形擠花嘴及擠花袋組裝在一起,裝入麵糊,依照膜紙上的圖案,在烤盤上擠出每個直徑3cm的圓形麵糊。

2　麵糊擠在烤盤上,用手掌用力拍打烤盤底部,並在桌面敲打幾下烤盤,以排出麵糊中的氣泡。

3　抽出馬卡龍模紙。

4　靜置常溫下,使麵糊表面乾燥。(30分鐘~1小時)

5　放入140℃烤箱,烤8~9分鐘。

6　從烤箱中取出,立即移至冷卻網上,待充分降溫後,取下蛋白霜餅。

Natural Baking Book

製作基本奶油餡和基本乳酪餡

基本奶油餡 〔份量35～40個馬卡龍，完成內餡約為120g〕

材料

- 牛奶　　　60g
- 蛋黃　　　18g
- 砂糖　　　15g
- 玉米澱粉　　4g
- 蘭姆酒　　　3g
- 常溫奶油　50g

1. 牛奶加熱至90℃。
2. 調理盆中放入蛋黃、砂糖，用打蛋器充分攪拌至顏色泛白。
3. 篩入玉米澱粉，用打蛋器拌勻。
4. 慢慢加入1的熱牛奶，同時用打蛋器攪拌均勻。
5. 將4倒入鍋中，開火加熱並快速攪拌，避免燒焦。
6. 將5煮成糊狀，鍋子中央開始冒泡時，關火，倒入濾網中過濾，並靜置降溫至30℃。
7. 加入蘭姆酒拌勻。
8. 分2～3次加入常溫奶油，用打蛋器拌勻。

B 基本乳酪餡 〔份量35～40個馬卡龍，完成內餡約為120g〕

材料

◇ 牛奶	60g
◇ 蛋黃	18g
◇ 砂糖	15g
◇ 玉米澱粉	4g
◇ 蘭姆酒	3g
◇ 常溫奶油	15g
◇ 常溫奶油乳酪	45g

1. 牛奶加熱至90℃。
2. 調理盆中放入蛋黃、砂糖，用打蛋器充分攪拌至顏色泛白。
3. 篩入玉米澱粉，用打蛋器拌勻。
4. 慢慢加入**1**的熱牛奶，同時用打蛋器攪拌均勻。
5. 將**4**倒入鍋中，開火加熱並快速攪拌，避免燒焦。
6. 將**5**煮成糊狀，當鍋子中央開始冒泡時，關火，倒入濾網中過濾，並靜置降溫至30℃。
7. 加入蘭姆酒拌勻。
8. 分2～3次加入常溫奶油及常溫奶油乳酪，用打蛋器拌勻。

Macaron 6-1

豆粉馬卡龍

有次經過年糕店時,被一陣濃郁的黃豆粉香氣吸引進去,跟老闆買了些黃豆粉。
正想著該用這些黃豆粉做什麼時,
突然覺得加入馬卡龍似乎也不錯,因此開發了這道食譜。
如果你像我一樣不喜歡太甜的馬卡龍,你一定也會喜歡這道豆粉馬卡龍。

Ⓐ 蛋白霜餅〔應用〕黃豆粉蛋白霜餅

材料

✦ 義式蛋白霜餅
（參照p.218）

◇ 水	25g
◇ 砂糖 Ⓐ	100g
◇ 蛋白 Ⓐ	36g
◇ 砂糖 Ⓑ	10g
◇ 蛋白粉	0.2g
◇ 杏仁粉	100g
◇ 糖粉	100g
◇ 蛋白 Ⓑ	36g
◇ 食用色素	

✦ 法式蛋白霜餅
（參照p.221）

◇ 杏仁粉	100g
◇ 糖粉	100g
◇ 常溫蛋白	70g
◇ 蛋白粉	0.2g
◇ 砂糖	68g
◇ 食用色素	

1. 麵糊擠在烤盤上,用手掌用力拍打烤盤底部,並在桌面敲打幾下烤盤,以排出麵糊中的氣泡。

2. 麵糊表面撒上黃豆粉,靜置使表面乾燥後,放入烤箱烘烤。

Tip

・擠好麵糊後,要在麵糊乾燥前馬上撒上黃豆粉,黃豆粉才能完整附著在麵糊表面。

B 黃豆粉奶油餡

材料

- 基本奶油餡　　120g
  （參照p.223）
- 黃豆粉　　　　23g

1. 調理盆中放入基本奶油餡。
2. 加入黃豆粉，用橡皮刮刀攪拌至均勻、滑順。

C 完成！

材料

✦ 1cm圓形擠花嘴

1. 烤好的蛋白霜餅從矽膠烘焙墊上取下，一正一反兩兩排列在一起。
2. 擠花嘴和擠花袋組裝在一起，裝入做好的黃豆粉奶油餡，擠在翻成反面的蛋白霜餅上。
3. 蓋上另一片蛋白霜餅，完成馬卡龍。

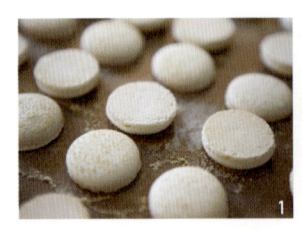

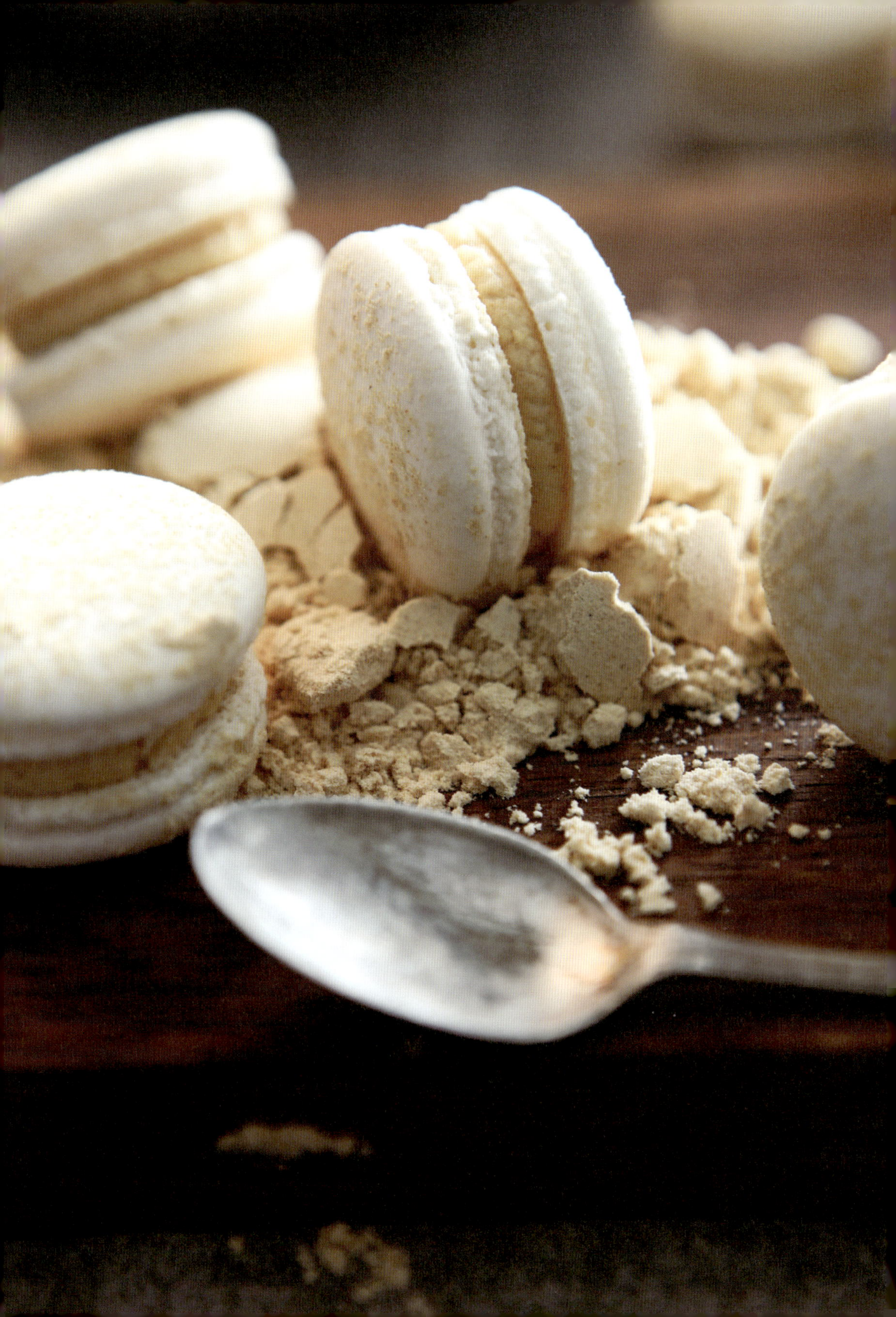

Macaron 6-2

柿餅松子馬卡龍

在思考如何用松子製作馬卡龍時，
突然想起韓國有一種傳統茶飲叫做「水正果茶」，
是用松子和柿餅一起熬煮而成的茶飲，如此看來，松子和柿餅的搭配一定很適合。
這款馬卡龍既可以感受到松子的香氣，
也可以吃到柿餅特有的柔韌嚼勁及溫潤的甜味。

A 蛋白霜餅〔應用〕松子蛋白霜餅

材料

義式蛋白霜餅
（參照p.218）

◇ 水	25g
◇ 砂糖 A	100g
◇ 蛋白 A	36g
◇ 砂糖 B	10g
◇ 蛋白粉	0.2g
◇ 杏仁粉	100g
◇ 糖粉	100g
◇ 蛋白 B	36g
◇ 食用色素	

法式蛋白霜餅
（參照p.221）

◇ 杏仁粉	100g
◇ 糖粉	100g
◇ 常溫蛋白	70g
◇ 蛋白粉	0.2g
◇ 砂糖	68g
◇ 食用色素	

1. 麵糊擠在烤盤上，用手掌用力拍打烤盤底部，並在桌面敲打幾下烤盤，以排出麵糊中的氣泡。

2. 麵糊表面放上一顆松子，靜置使表面乾燥後，放入烤箱烘烤。

Tip

- 松子事先烘烤過的話，其獨特的香氣及味道會流失，所以松子不必事先烤過，直接使用即可。

B 松子醬

材料

◇ 松子　　30g

1. 調調理機中放入松子，攪碎至松子出油，呈膏狀。

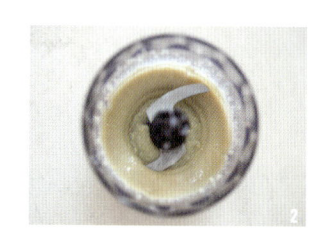

C 松子奶油餡

材料

◇ 基本奶油餡　　120g
（參照p.223）

◇ 松子醬　　25g

1. 調理盆中放入基本奶油餡。
2. 加入松子醬，用打蛋器攪拌至均勻、滑順。

柿餅松子馬卡龍

D 完成！

材料

✦ 1cm圓形擠花嘴

◇ 柿餅　　　40g

1　柿餅切成小碎末。

2　烤好的蛋白霜餅從矽膠烘焙墊上取下，一正一反兩兩排列在一起。

3　擠花嘴和擠花袋組裝一起，裝入做好的松子奶油餡，擠在翻成反面的蛋白霜餅上。

4　放一點柿餅碎末在奶油餡上。

5　蓋上另一片蛋白霜餅，完成馬卡龍。

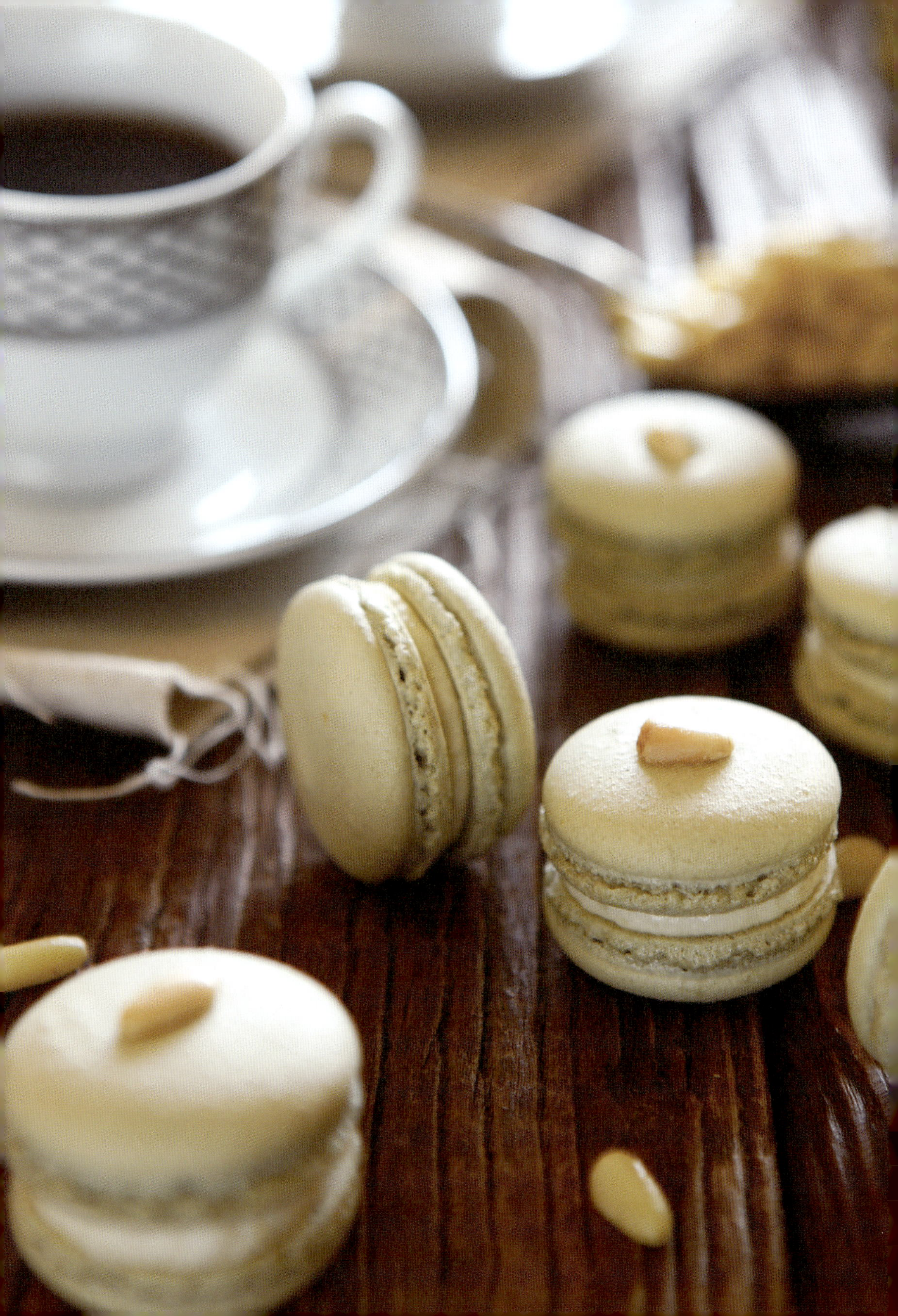

黑芝麻馬卡龍

以往做了很多款馬卡龍,主要都是餡料上的不同,蛋白霜餅則是運用不同的色素變化顏色而已,其實馬卡龍的蛋白霜餅也可以加以變化。這道食譜中我加入了黑芝麻,製成黑芝麻蛋白霜餅,你也可以挑戰做看看不同口味的馬卡龍蛋白霜餅!

蛋白霜餅〔應用〕黑芝麻蛋白霜餅

材料

✦ **義式蛋白霜餅**
（參照p.218）

水	25g
砂糖 Ⓐ	100g
蛋白 Ⓐ	36g
砂糖 Ⓑ	10g
蛋白粉	0.2g
杏仁粉	100g
糖粉	100g
蛋白 Ⓑ	36g
食用色素	

✦ **法式蛋白霜餅**
（參照p.221）

杏仁粉	100g
糖粉	100g
常溫蛋白	70g
蛋白粉	0.2g
砂糖	68g
食用色素	

✦ **黑芝麻蛋白霜餅**

黑芝麻	15g
杏仁粉	100g
糖粉	100g
蛋白	36g
義式蛋白霜	125g

1. 調理機中放入黑芝麻攪碎。
2. 將1倒入平底鍋中，用大火焙炒1分鐘後，靜置放涼。
3. 杏仁粉、糖粉過篩後，與炒熟的碎芝麻拌勻。
4. 蛋白倒入3中，翻拌成團。（攪拌的時間盡量縮短，以免芝麻及杏仁粉出油。）
5. 義式蛋白霜125g（溫度35℃）加入4中，用橡皮刮刀攪拌均勻。
6. 麵糊拌勻後，用橡皮刮刀將麵糊拉高，去除麵糊中較大的氣泡。
7. 重複6的步驟，使麵糊變得光滑有延展性。
8. 其餘步驟請參照p.220「擠麵糊和烘烤」。

黑芝麻馬卡龍

B 黑芝麻奶油餡

材料

◇ 基本奶油餡　　120g
　（參照p.223）
◇ 黑芝麻　　　　15g

1　調理機中放入黑芝麻攪碎。

2　調理盆中放入基本奶油餡。

3　加入打碎的黑芝麻，用打蛋器攪拌至均勻、滑順。

C 完成！

材料

✦ 1cm圓形擠花嘴

1　烤好的蛋白霜餅從矽膠烘焙墊上取下，一正一反兩兩排列在一起。

2　擠花嘴和擠花袋組裝一起，裝入做好的黑芝麻奶油餡，擠在翻成反面的蛋白霜餅上。

3　蓋上另一片蛋白霜餅，完成馬卡龍。

Tip

・攪碎黑芝麻的時間不要太久，以免出油。黑芝麻攪碎後再重新放入平底鍋中焙炒，也是為了避免黑芝麻出油。若麵糊中有油脂產生，經過烘烤後的蛋白霜餅很容易龜裂或是表面變得凹凸不平。

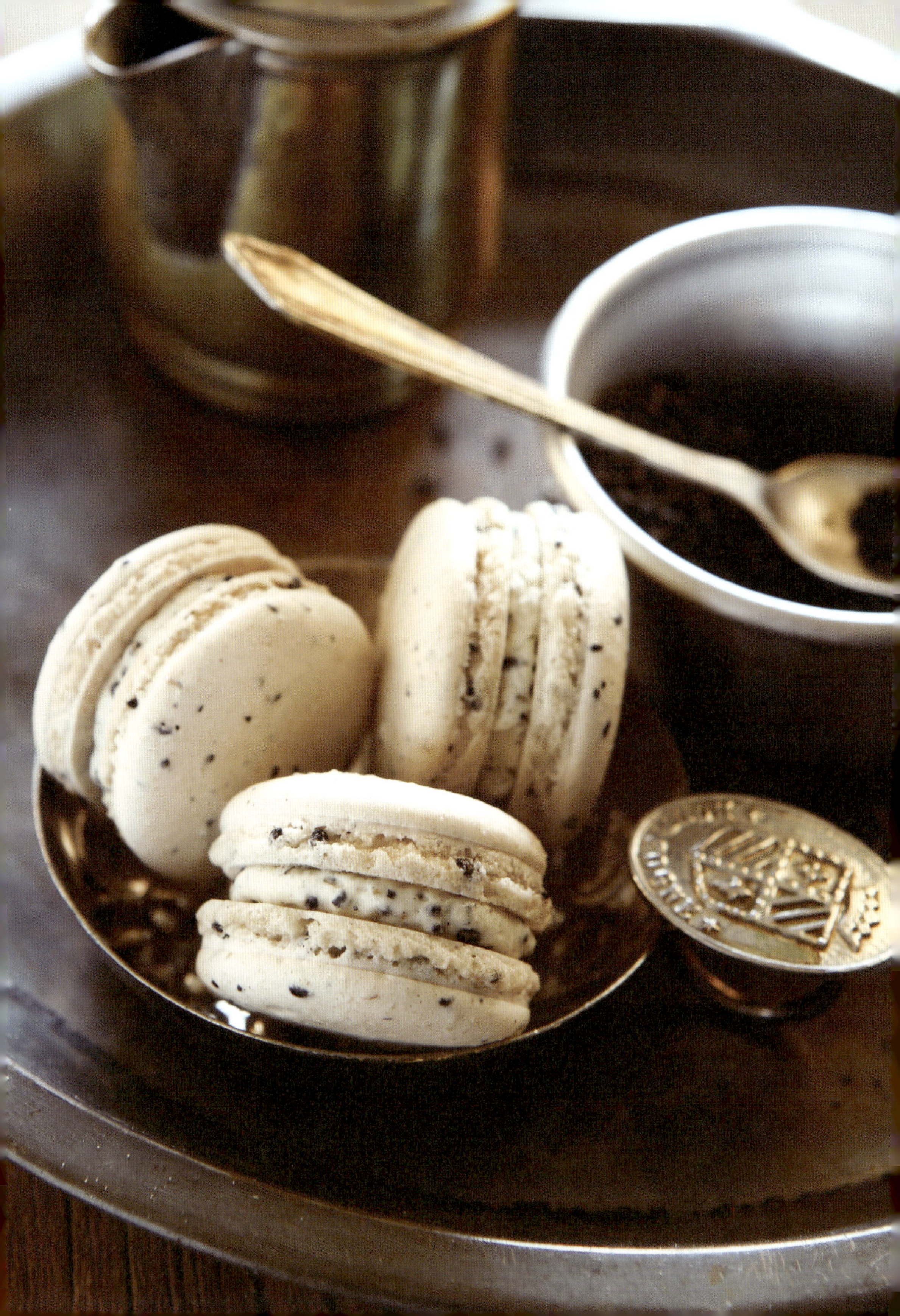

Macaron 6-4

荏胡麻葉馬卡龍

法國有羅勒馬卡龍，這道食譜則用很特別的荏胡麻葉製作馬卡龍。

🅐 蛋白霜餅

材料

✦ 義式蛋白霜餅
（參照p.218）

- 水　　　　25g
- 砂糖 Ⓐ　　100g
- 蛋白 Ⓐ　　36g
- 砂糖 Ⓑ　　10g
- 蛋白粉　　0.2g
- 杏仁粉　　100g
- 糖粉　　　100g
- 蛋白 Ⓑ　　36g
- 食用色素

✦ 法式蛋白霜餅
（參照p.221）

- 杏仁粉　　100g
- 糖粉　　　100g
- 常溫蛋白　70g
- 蛋白粉　　0.2g
- 砂糖　　　68g
- 食用色素

Natural Baking Book

B 荏胡麻葉乳酪餡

材料

- 基本奶油餡　　120g
  （參照p.223）
- 荏胡麻葉　　　7片
- 白芝麻　　　　10g

1. 荏胡麻葉切成非常細的小碎末。
2. 調理機中放入白芝麻攪碎。
3. 調理盆中放入基本乳酪餡。
4. 加入荏胡麻葉碎末和白芝麻碎，用打蛋器攪拌至均勻、滑順。

荏胡麻葉馬卡龍 | 237

⏰ 完成！

材料

✦ 1cm圓形擠花嘴

1. 烤好的蛋白霜餅從矽膠烘焙墊上取下，一正一反兩兩排列在一起。
2. 擠花嘴和擠花袋組裝一起，裝入做好的荏胡麻葉乳酪餡，擠在翻成反面的蛋白霜餅上。
3. 蓋上另一片蛋白霜餅，完成馬卡龍。

Tip

- 荏胡麻葉切碎後，若有汁液，請務必用廚房紙巾充分擦乾，攪拌時，才能充分融入乳酪餡中。

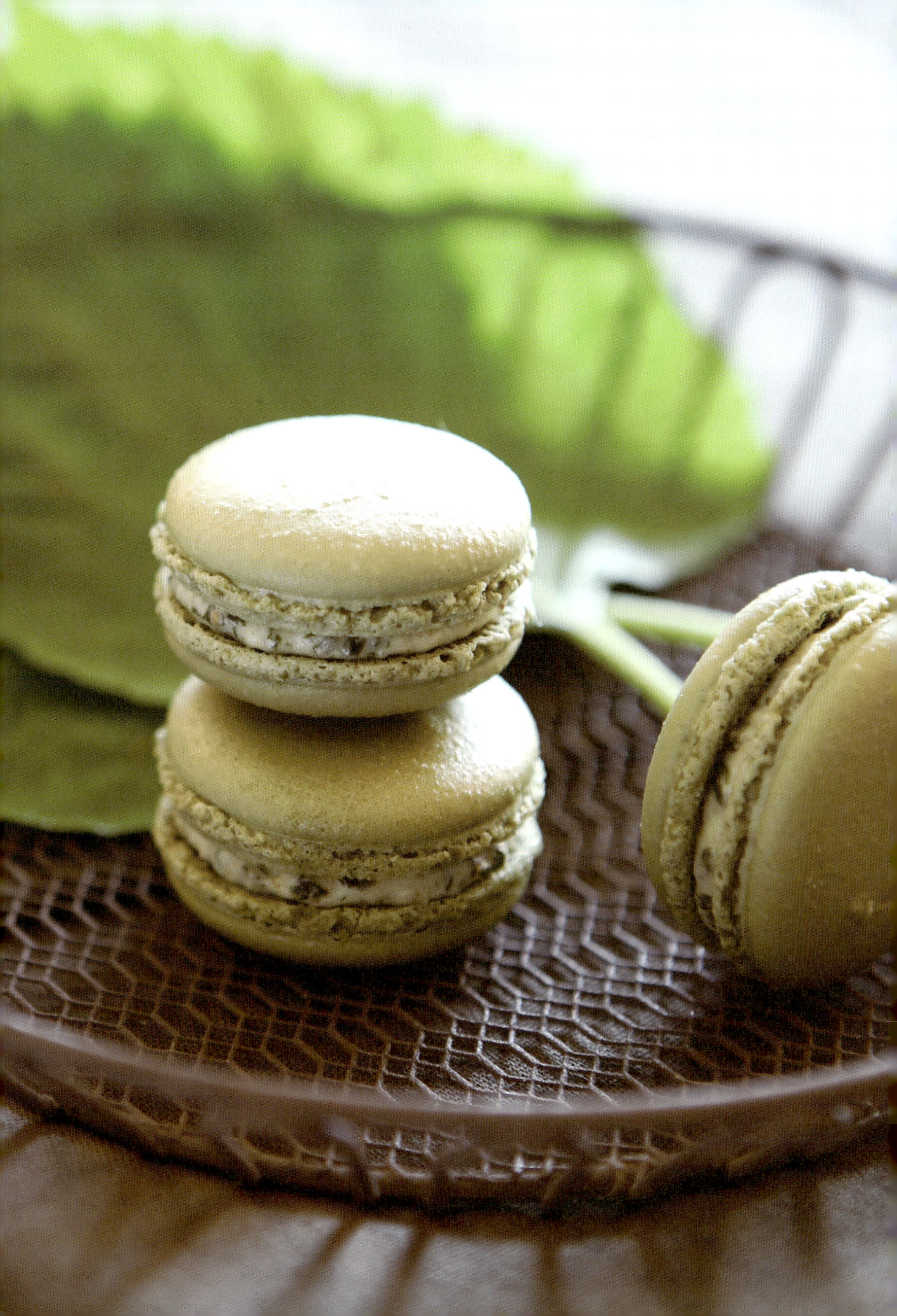

Macaron 6-5

大蒜馬卡龍

大多數人都覺得馬卡龍只能當飯後甜點，卻不知道馬卡龍其實也能當飯前的開胃菜。這道食譜就是能當作開胃菜的大蒜馬卡龍。

A 蛋白霜餅

材料

✦ **義式蛋白霜餅**
（參照p.218）

◇ 水	25g
◇ 砂糖 Ⓐ	100g
◇ 蛋白 Ⓐ	36g
◇ 砂糖 Ⓑ	10g
◇ 蛋白粉	0.2g
◇ 杏仁粉	100g
◇ 糖粉	100g
◇ 蛋白 Ⓑ	36g
◇ 食用色素	

✦ **法式蛋白霜餅**
（參照p.221）

◇ 杏仁粉	100g
◇ 糖粉	100g
◇ 常溫蛋白	70g
◇ 蛋白粉	0.2g
◇ 砂糖	68g
◇ 食用色素	

B 大蒜粉

材料

◇ 大蒜　　　5瓣

1. 大蒜去膜後，切薄片。
2. 放入100℃烤箱，烤1小時，烘乾。
3. 蒜片烤至酥脆、乾燥後，放入調理機中攪碎。

大蒜馬卡龍

C 大蒜乳酪餡

材料

- 基本奶油餡　120g
  （參照p.223）
- 蜂蜜　10g
- 大蒜粉　4g

1. 調理盆中放入基本乳酪餡。
2. 加入蜂蜜、大蒜粉，用打蛋器攪拌至均勻、滑順。

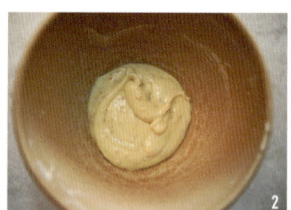

D 完成！

材料

✦ 1cm圓形擠花嘴

1. 烤好的蛋白霜餅從矽膠烘焙墊上取下，一正一反兩兩排列在一起。
2. 擠花嘴和擠花袋組裝一起，裝入做好的大蒜乳酪餡，擠在翻成反面的蛋白霜餅上。
3. 蓋上另一片蛋白霜餅，完成馬卡龍。

Tip

- 建議不要使用太辛辣的大蒜，而選用較偏甜的大蒜，味道會比較溫順。辛辣的大蒜就算烤好、攪碎，味道還是太濃烈，即使只放一些也會使馬卡龍的味道過重。

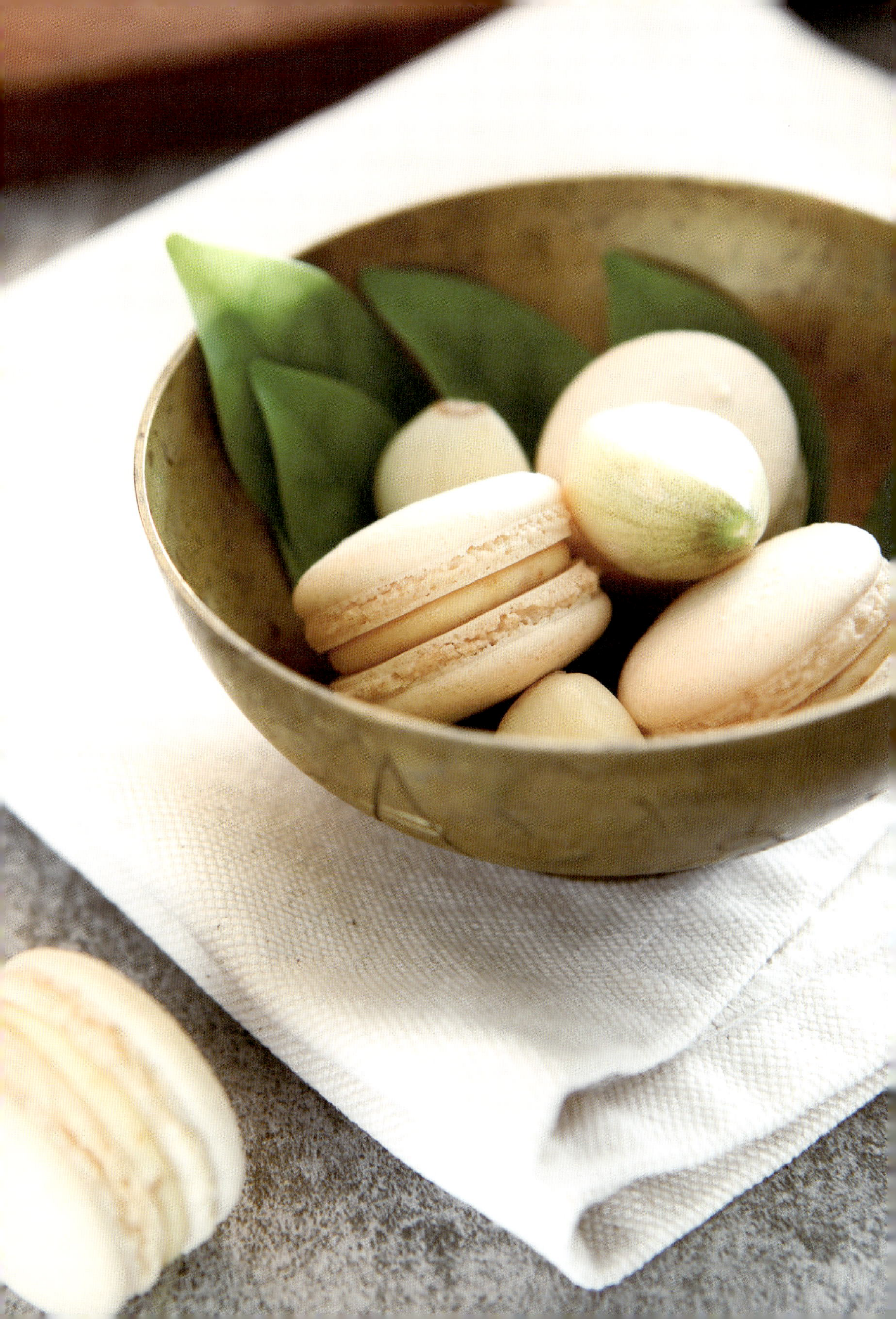

Macaron 6-6

山葵馬卡龍

製作鮪魚紫菜飯捲時，我會加一些山葵醬在美奶滋中，消除美奶滋的油膩感，使飯捲更爽口。馬卡龍裡的乳酪餡與山葵醬也是很美妙的組合喔！

A 蛋白霜餅

材料

義式蛋白霜餅
（參照p.218）

◇ 水	25g
◇ 砂糖 A	100g
◇ 蛋白 A	36g
◇ 砂糖 B	10g
◇ 蛋白粉	0.2g
◇ 杏仁粉	100g
◇ 糖粉	100g
◇ 蛋白 B	36g
◇ 食用色素	

法式蛋白霜餅
（參照p.221）

◇ 杏仁粉	100g
◇ 糖粉	100g
◇ 常溫蛋白	70g
◇ 蛋白粉	0.2g
◇ 砂糖	68g
◇ 食用色素	

B 山葵乳酪餡

材料

◇ 基本奶油餡	120g
（參照p.223）	
◇ 山葵醬	8g

1. 調理盆中放入基本乳酪餡。

2. 加入山葵醬，用打蛋器攪拌至均勻、滑順。

244 | Natural Baking Book

山葵馬卡龍 | 245

⌒ 完成！

材料

+ 1cm圓形擠花嘴

1　烤好的蛋白霜餅從矽膠烘焙墊上取下，一正一反兩兩排列在一起。

2　擠花嘴和擠花袋組裝一起，裝入做好的山葵乳酪餡，擠在翻成反面的蛋白霜餅上。

3　蓋上另一片蛋白霜餅，完成馬卡龍。

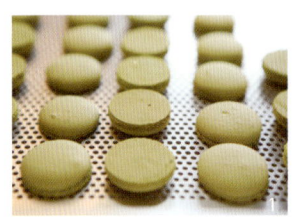

Tip

・山葵的香氣和味道非常強烈，製作山葵乳酪餡時，可以依個人喜好，自行加減山葵醬的量。

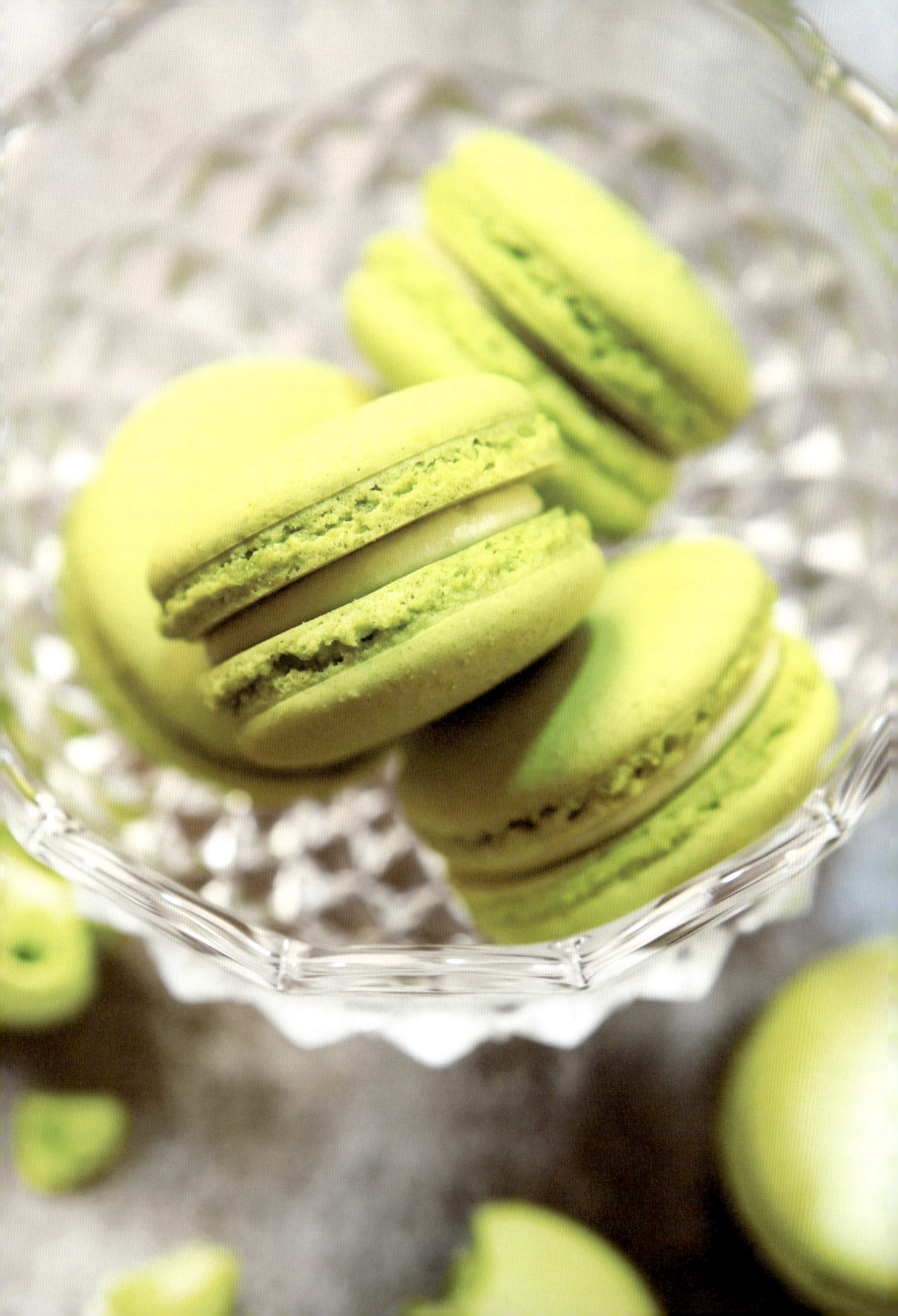

Macaron 6-7 紅葡萄柚馬卡龍

大多數人都覺得馬卡龍只能當飯後甜點,卻不知道馬卡龍其實也能當飯前的開胃菜。這道食譜就是能當作開胃菜的大蒜馬卡龍。

A 蛋白霜餅

材料

義式蛋白霜餅
(參照p.218)

◇ 水	25g
◇ 砂糖 A	100g
◇ 蛋白 A	36g
◇ 砂糖 B	10g
◇ 蛋白粉	0.2g
◇ 杏仁粉	100g
◇ 糖粉	100g
◇ 蛋白 B	36g
◇ 食用色素	

法式蛋白霜餅
(參照p.221)

◇ 杏仁粉	100g
◇ 糖粉	100g
◇ 常溫蛋白	70g
◇ 蛋白粉	0.2g
◇ 砂糖	68g
◇ 食用色素	

248　Natural Baking Book

B 紅葡萄柚乳酪餡

材料

◇ 檸檬汁 15g	◇ 砂糖 12g	◇ 常溫奶油 60g
◇ 紅葡萄柚汁 50g	◇ 玉米澱粉 6g	◇ 常溫奶油乳酪 20g
◇ 蛋黃 15g	◇ 蘭姆酒 5g	

1. 檸檬、紅葡萄柚剖半後，榨汁。
2. 檸檬汁和紅葡萄柚汁倒入鍋中，開火加熱。
3. 調理盆中放入蛋黃、砂糖，用打蛋器充分攪拌至顏色泛白。
4. 篩入玉米澱粉，用打蛋器拌勻。
5. 將 2 的熱果汁慢慢加入 4 中，同時用打蛋器攪拌均勻。

6. 將 5 倒入鍋中，開火加熱並快速攪拌，避免燒焦。
7. 將 6 煮成糊狀，當鍋子中央開始冒泡時，關火，倒入濾網中過濾，並靜置降溫至30℃。
8. 加入蘭姆酒拌勻。
9. 分 2～3 次加入常溫奶油及常溫奶油乳酪，用打蛋器拌勻。

紅葡萄柚馬卡龍

完成！

材料

✦ 1cm圓形擠花嘴

1　烤好的蛋白霜餅從矽膠烘焙墊上取下，一正一反兩兩排列在一起。

2　擠花嘴和擠花袋組裝一起，裝入做好的紅葡萄柚乳酪餡，擠在翻成反面的蛋白霜餅上。

3　蓋上另一片蛋白霜餅，完成馬卡龍。

Tip

· 酸甜中帶點微苦的葡萄柚，加入偏甜的馬卡龍中，是相當絕妙的組合。覺得馬卡龍太甜而不喜歡這道甜點的人，請一定要試試這款紅葡萄柚馬卡龍。用剩的葡萄柚汁可以放在冰箱冷凍保存一個月。

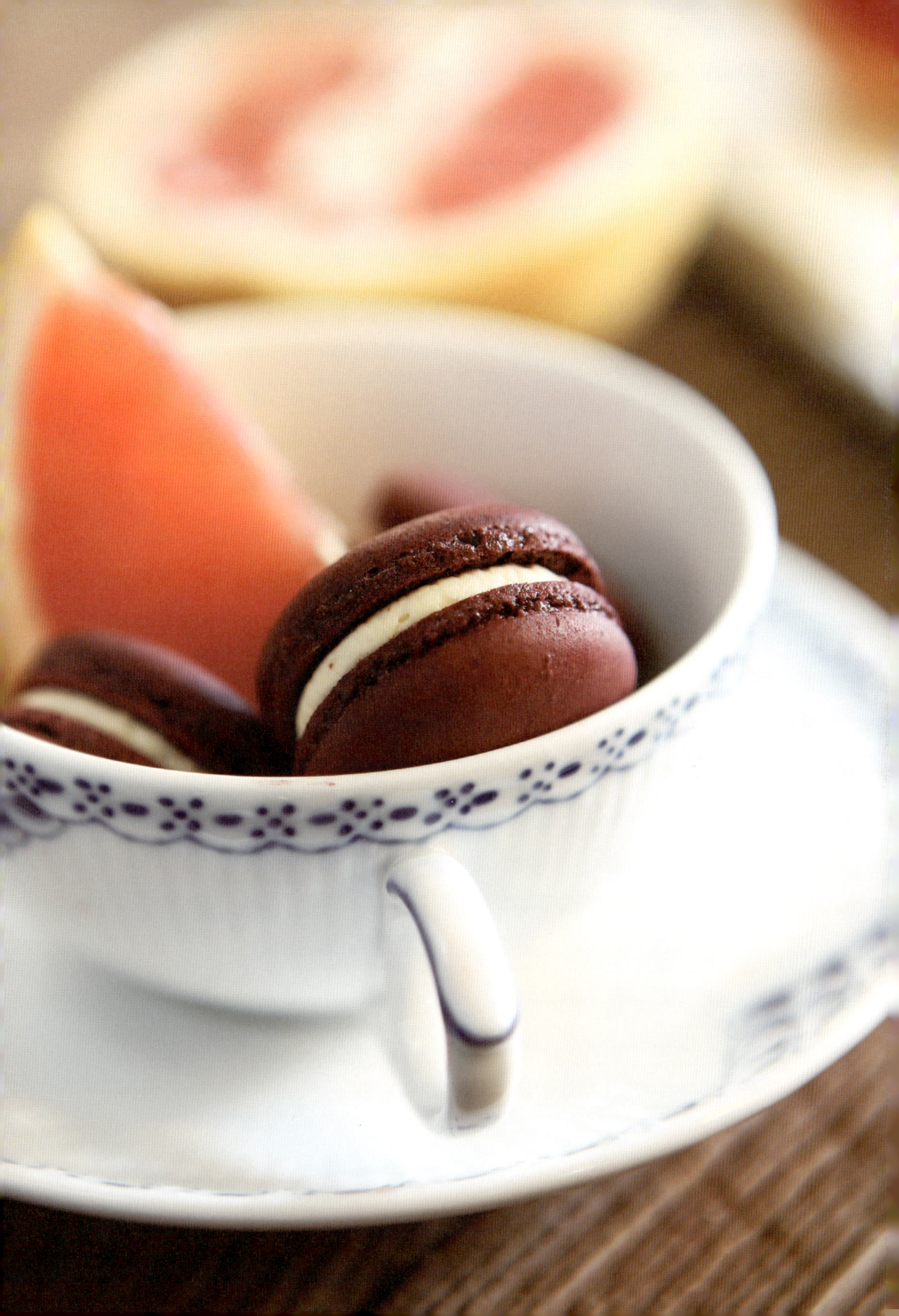

漢拏峰橘馬卡龍

Macaron 6-8

之前去濟州島遊玩時，我每天必吃的水果就是漢拏峰橘，那時候就想著，我一定要用漢拏峰橘製作一道甜點，因此誕生了這道漢拏峰橘馬卡龍。

A 蛋白霜餅

材料

✦ 義式蛋白霜餅
（參照p.218）

◇ 水	25g
◇ 砂糖 Ⓐ	100g
◇ 蛋白 Ⓐ	36g
◇ 砂糖 Ⓑ	10g
◇ 蛋白粉	0.2g
◇ 杏仁粉	100g
◇ 糖粉	100g
◇ 蛋白 Ⓑ	36g
◇ 食用色素	

✦ 法式蛋白霜餅
（參照p.221）

◇ 杏仁粉	100g
◇ 糖粉	100g
◇ 常溫蛋白	70g
◇ 蛋白粉	0.2g
◇ 砂糖	68g
◇ 食用色素	

B 漢拏峰橘果醬和奶油餡

材料

◇ 基本奶油餡	120g
（參照p.223）	
◇ 濟州漢拏峰橘果醬	40g

1. 調理機中放入濟州漢拏峰橘果醬，攪碎。（果醬做法請參照p.274）
2. 攪碎的濟州漢拏峰橘果醬裝入擠花袋中。
3. 準備好基本奶油餡。

漢拏峰橘馬卡龍

⏾ 完成！

材料

+ 1cm圓形擠花嘴

1. 烤好的蛋白霜餅從矽膠烘焙墊上取下，一正一反兩兩排列在一起。
2. 擠花嘴和擠花袋組裝一起，裝入做好的基本奶油餡，擠在翻成反面的蛋白霜餅上。
3. 奶油餡中央再擠上一點濟州漢拏峰橘果醬。
4. 蓋上另一片蛋白霜餅，完成馬卡龍。

Tip

- 拏峰橘果醬不容易擠在奶油餡上的話，也可以在製作奶油餡時，將漢拏峰橘果醬拌入奶油餡中，混合在一起。

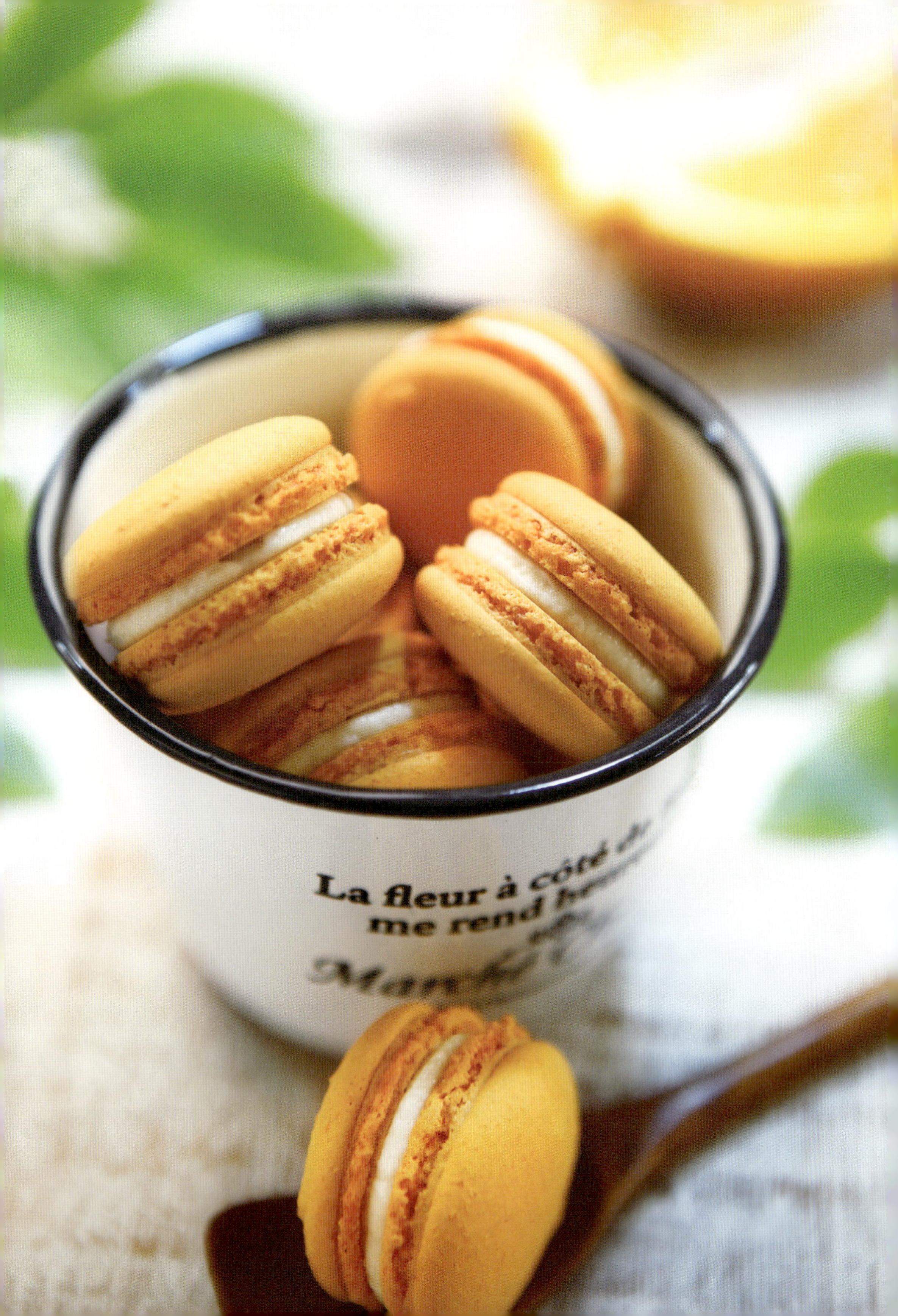
La fleur à côté
me rend

Macaron 6-9

白葡萄馬卡龍

在超市看到色彩繽紛的家樂氏香果圈和喜瑞爾五彩球時,覺得把它們加入馬卡龍應該很有趣,香果圈和五彩球的主要成分是玉米粉,因此可以在馬卡龍裡吃到玉米的香氣,口感和風味也會更有層次。

A 蛋白霜餅〔應用〕香果圈蛋白霜餅

材料

✦ 義式蛋白霜餅
(參照p.218)

◇ 水	25g
◇ 砂糖 Ⓐ	100g
◇ 蛋白 Ⓐ	36g
◇ 砂糖 Ⓑ	10g
◇ 蛋白粉	0.2g
◇ 杏仁粉	100g
◇ 糖粉	100g
◇ 蛋白 Ⓑ	36g
◇ 食用色素	

✦ 法式蛋白霜餅
(參照p.221)

◇ 杏仁粉	100g
◇ 糖粉	100g
◇ 常溫蛋白	70g
◇ 蛋白粉	0.2g
◇ 砂糖	68g
◇ 食用色素	

✦ 香果圈蛋白霜餅

◇ 義式蛋白霜	125g
◇ 粉團	
杏仁粉	100g
糖粉	100g
蛋白	36g
食用色素	
◇ 家樂氏香果圈	30g

1 調理機中放入家樂氏香果圈,攪碎。

2 粉團(參照p.219)和義式蛋白霜(參照p.218)拌勻後,再加入攪碎的香果圈拌勻。

Natural Baking Book

3　剩餘步驟請依照製作義式蛋白霜餅的步驟製作完成。

B 白葡萄奶油餡

材料

◇ 白葡萄汁	50g
◇ 檸檬汁	15g
◇ 蛋黃	20g
◇ 砂糖	17g
◇ 玉米澱粉	5g
◇ 白酒	15g
◇ 常溫奶油	65g

1　調理機中放入白葡萄攪碎，用濾網過濾。

2　白葡萄汁、檸檬汁放入鍋中，開火加熱。

3　調理盆中放入蛋黃、砂糖，用打蛋器充分攪拌至顏色泛白。

4　篩入玉米澱粉，用打蛋器拌勻。

5　將 2 的熱果汁慢慢加入 4 中，同時用打蛋器攪拌均勻。

6　將 5 倒入鍋中，開火加熱並快速攪拌，避免燒焦。

白葡萄馬卡龍　｜　257

7 將 **6** 煮成糊狀，當鍋子中央開始冒泡時，關火，倒入濾網中過濾，並靜置降溫至30℃。

8 加入白酒拌勻。

9 分2～3次加入常溫奶油，用打蛋器拌勻。

完成！

材料

✦ 1cm圓形擠花嘴

1 烤好的蛋白霜餅從矽膠烘焙墊上取下，一正一反兩兩排列在一起。

2 擠花嘴和擠花袋組裝一起，裝入做好的白葡萄奶油餡，擠在翻成反面的蛋白霜餅上。

3 蓋上另一片蛋白霜餅，完成馬卡龍。

Tip

・使用有籽的白葡萄時，要先去籽、去皮，再放入調理機中打碎，這樣打好的葡萄汁才會呈現漂亮的嫩綠色。

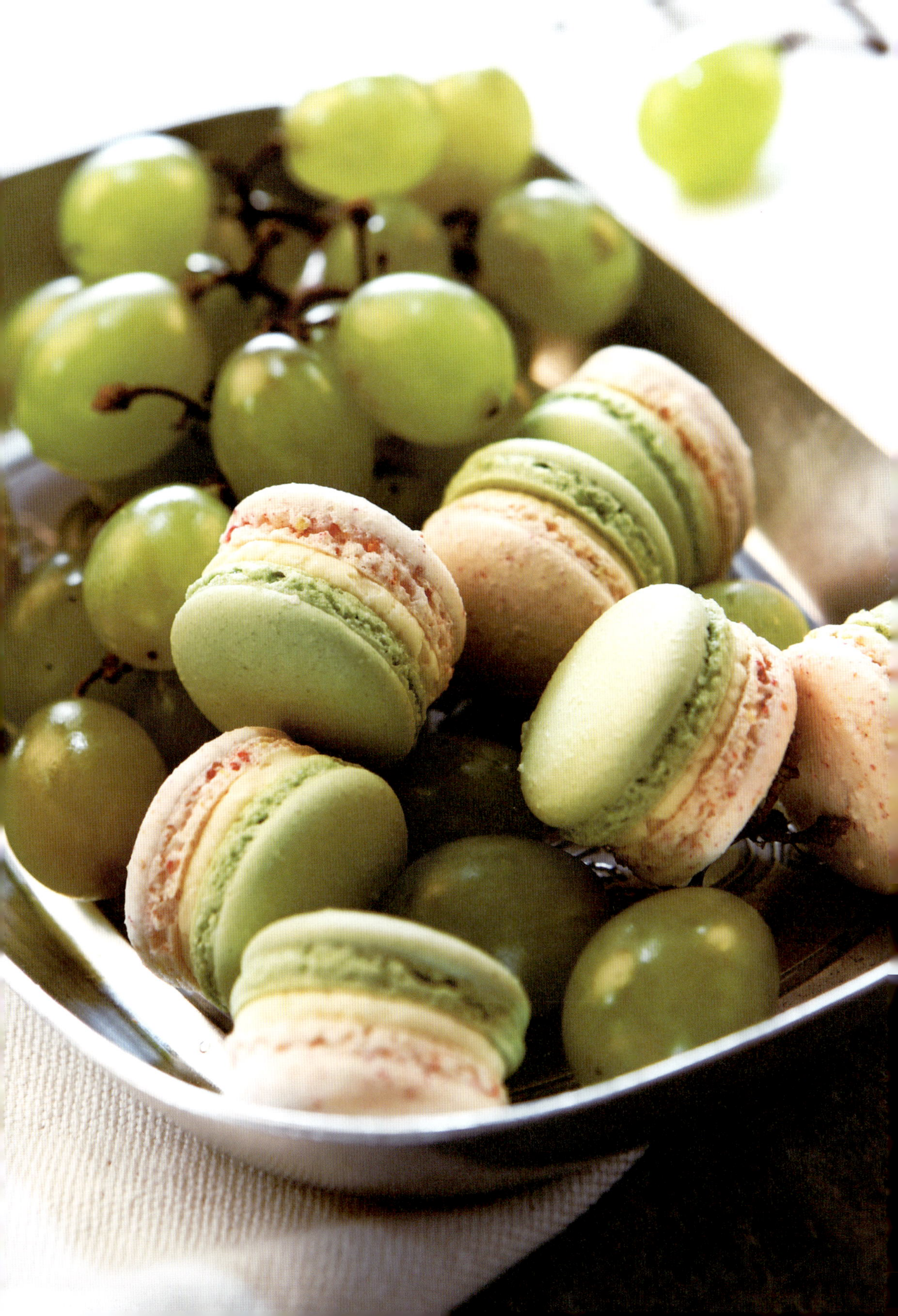

Macaron 6-10

青橘馬卡龍

A 蛋白霜餅

材料

義式蛋白霜餅
（參照p.218）

◇ 水	25g
◇ 砂糖 A	100g
◇ 蛋白 A	36g
◇ 砂糖 B	10g
◇ 蛋白粉	0.2g
◇ 杏仁粉	100g
◇ 糖粉	100g
◇ 蛋白 B	36g
◇ 食用色素	

法式蛋白霜餅
（參照p.221）

◇ 杏仁粉	100g
◇ 糖粉	100g
◇ 常溫蛋白	70g
◇ 蛋白 粉	0.2g
◇ 砂糖	68g
◇ 食用色素	

B 青橘奶油餡

材料

◇ 青橘汁	65g
◇ 蛋黃	15g
◇ 砂糖	15g
◇ 玉米澱粉	5g
◇ 蘭姆酒	5g
◇ 常溫奶油	80g

1　青橘剖半後，榨汁。
2　青橘汁倒入鍋中，開火加熱。

260　Natural Baking Book

3 調理盆中放入蛋黃、砂糖，用打蛋器充分攪拌至顏色泛白。

4 篩入玉米澱粉，用打蛋器拌勻。

5 將2的熱果汁慢慢加入4中，同時用打蛋器攪拌均勻。

6 將5倒入鍋中，開火加熱並快速攪拌，避免燒焦。

7 將6煮成糊狀，當鍋子中央開始冒泡時，關火，倒入濾網中過濾，並靜置降溫至30℃。

8 加入蘭姆酒拌勻。

9 分2～3次加入常溫奶油，用打蛋器拌勻。

完成！

材料

✦ 1cm圓形擠花嘴

1 烤好的蛋白霜餅從矽膠烘焙墊上取下，一正一反兩兩排列在一起。

2 擠花嘴和擠花袋組裝一起，裝入做好的青橘奶油餡，擠在翻成反面的蛋白霜餅上。

3 蓋上另一片蛋白霜餅，完成馬卡龍。

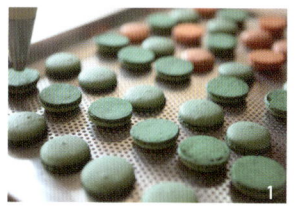

Tip

· 青橘的果肉較硬，剖半後，正中央可以用刀子劃個十字，方便榨取果汁。

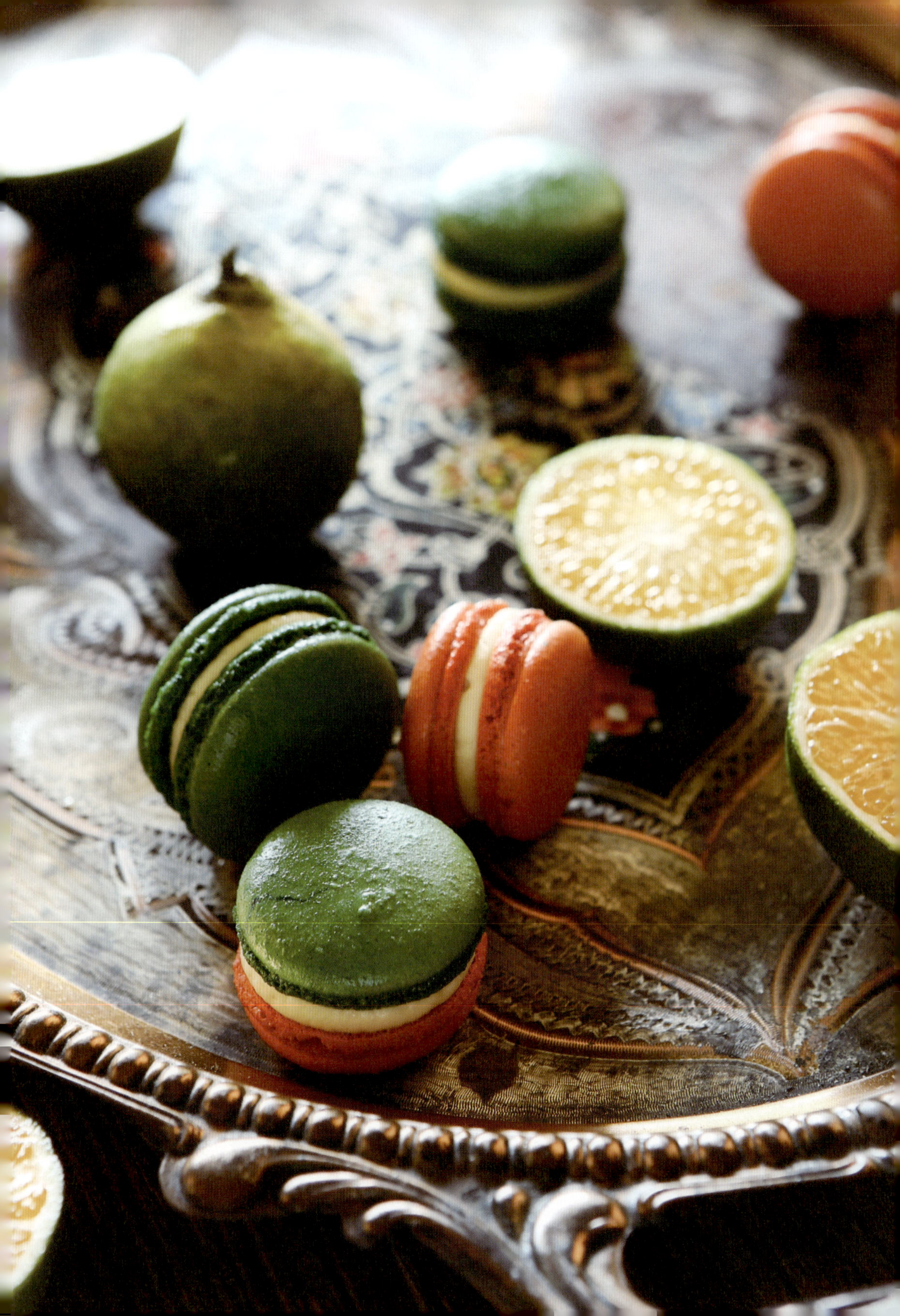

Macaron 6-11

海鹽焦糖馬卡龍

這道食譜中的海鹽建議使用法國的鹽之花，比較不會死鹹。
馬卡龍中加入鹽，可以中和甜度，吃起來較不甜膩。

A 蛋白霜餅

材料

+ 義式蛋白霜餅
（參照p.218）

◇ 水	25g
◇ 砂糖 A	100g
◇ 蛋白 A	36g
◇ 砂糖 B	10g
◇ 蛋白粉	0.2g
◇ 杏仁粉	100g
◇ 糖粉	100g
◇ 蛋白 B	36g
◇ 食用色素	

+ 法式蛋白霜餅
（參照p.221）

◇ 杏仁粉	100g
◇ 糖粉	100g
◇ 常溫蛋白	70g
◇ 蛋白粉	0.2g
◇ 砂糖	68g
◇ 食用色素	

B 海鹽焦糖醬

材料

◇ 砂糖 A	16g
◇ 果糖	16g
◇ 鮮奶油	112g
◇ 牛奶	96g

◇ 砂糖 B	64g
◇ 奶油	6g
◇ 海鹽	1g

1. 砂糖Ⓐ和果糖放入銅鍋中，加熱煮至糖液變成焦糖色。
2. 取另一個鍋子，倒入鮮奶油、牛奶，煮至沸騰後，分次加入1中，快速攪拌均勻。
3. 再次沸騰後，加入砂糖Ⓑ。
4. 轉文火，持續加熱至113～115℃。
5. 達到指定溫度後，加入奶油及鹽，攪拌至奶油融化後，靜置降溫至焦糖醬變濃稠。（大約為55℃）

完成！

材料

✦ 1cm圓形擠花嘴

1. 烤好的蛋白霜餅從矽膠烘焙墊上取下，一正一反兩兩排列在一起。
2. 擠花嘴和擠花袋組裝一起，裝入做好的海鹽焦糖醬，擠在翻成反面的蛋白霜餅上。
3. 蓋上另一片蛋白霜餅，完成馬卡龍。

Tip

- 剛做好的焦糖醬請降溫至50～55℃，再擠到蛋白霜餅上，焦糖醬若溫度過高，不易定形，會流洩下來；焦糖醬溫度過低則會凝固，很難從擠花袋裡擠出。因此請留意焦糖醬的溫度。

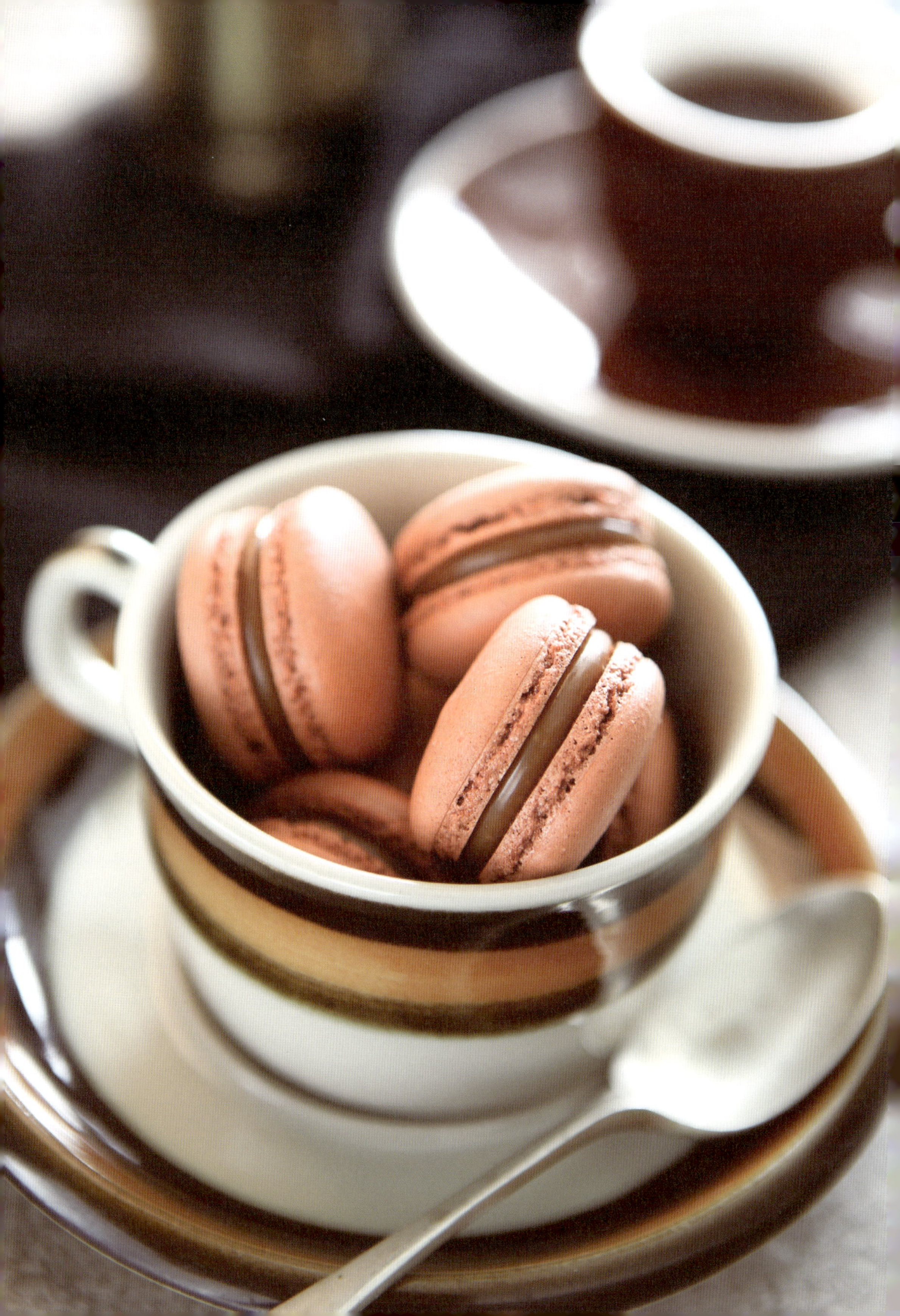

Part 7
Jam

BAKING RECIPE

盛裝在罐子裡的
天然果醬

製作果醬前的準備工作

1. 取一個鍋子，放入裝果醬用的玻璃容器和蓋子，倒水，開火，煮至沸騰後，再繼續煮5分鐘，徹底殺菌。
2. 冷卻網上鋪上紙巾，殺菌好的玻璃容器倒過來放置，晾乾。
3. 果醬煮好後，立即裝入殺菌好的容器裡。

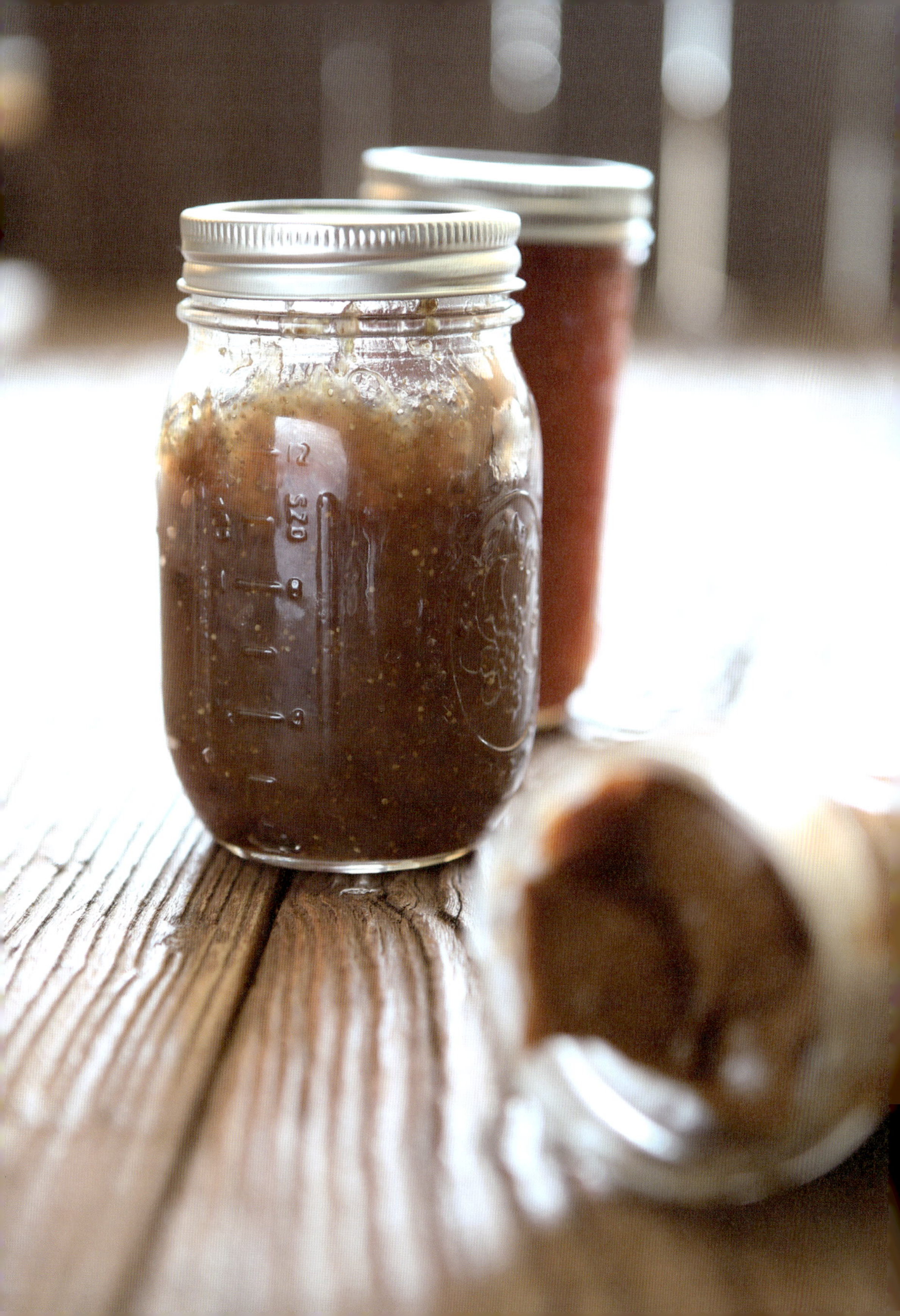

無花果果醬

Jam 7-1

無花果是很好吃的水果,但是很容易就熟透。
吃不完但是快熟透的無花果可以放入冰箱冷凍,有空時再拿出來做成果醬。
這道食譜添加了肉桂棒和檸檬皮末,去除無花果特有的青草味。

材料

- 無花果　　300g
- 檸檬汁　　30g
- 檸檬皮末　6g
- 生薑粉　　1g
- 肉桂棒　　1根
- 蜂蜜　　　180g

Tip

- 果醬完成後,請記得撈出肉桂棒,若繼續放在果醬中,肉桂的香氣持續釋放,會蓋過無花果本身的味道。

1. 無花果切成8等份。
2. 檸檬用果皮刨刀刨下皮末後,果肉榨汁。
3. 銅鍋中放入無花果、檸檬汁、檸檬皮末、生薑粉、肉桂棒、蜂蜜一起拌勻。
4. 拌勻後,開小火先將無花果煮熟。
5. 轉中火,煮至湯汁變濃稠。
6. 肉桂棒撈出。
7. 用湯匙沾取果醬,放入冰箱冷藏10分鐘,若果醬已達到你希望的濃稠度時,即可關火。
8. 果醬煮好後,立即裝入殺菌好的玻璃容器裡。

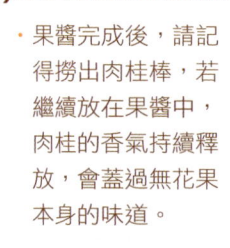

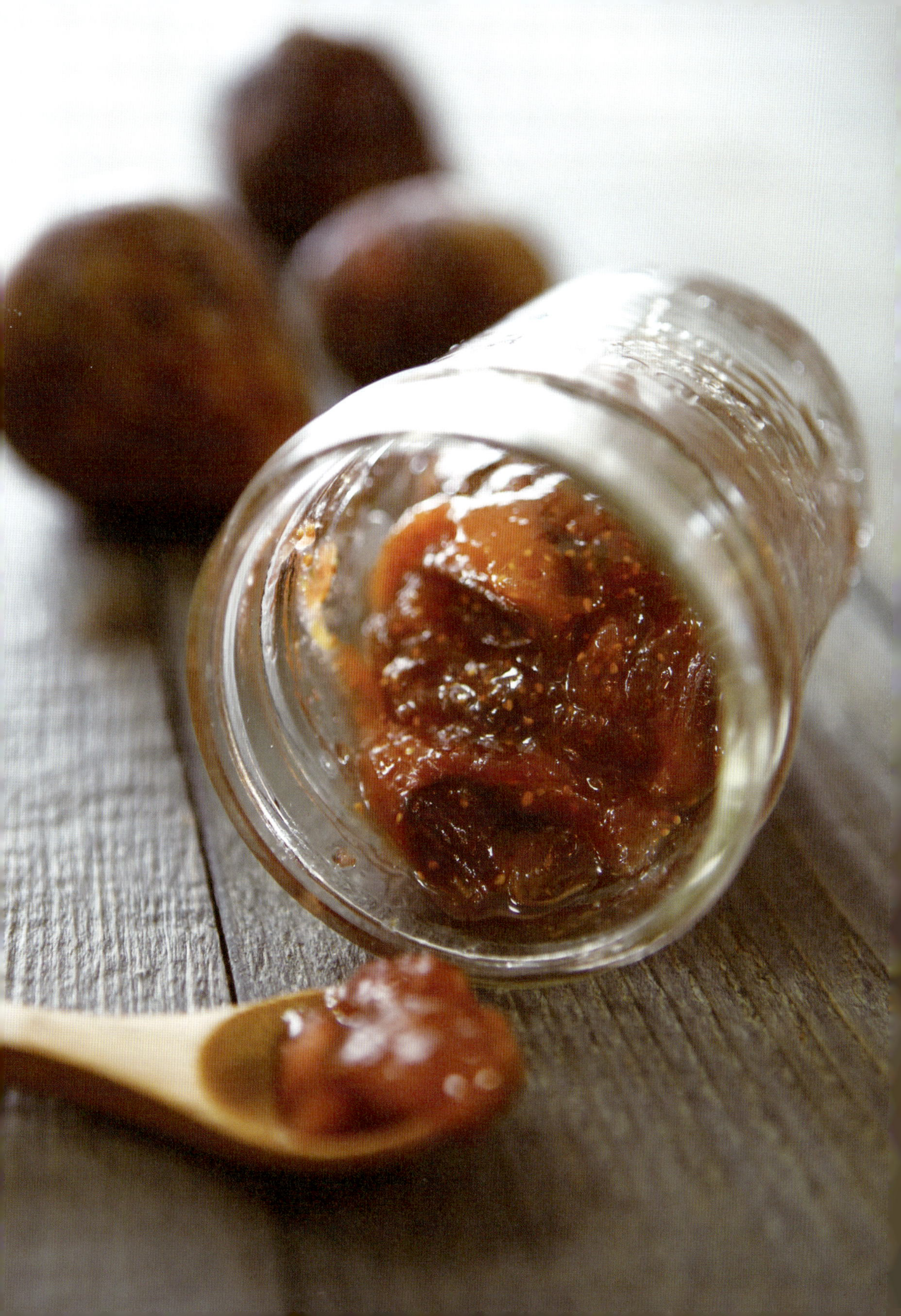

水蜜桃果醬

Jam 7-2

水蜜桃中,黃桃的甜度比白桃高,
用來製作果醬或蛋糕時,黃桃的香氣和味道較足。
若不喜歡太甜的水蜜桃果醬,則可以改用白桃製作。

材料

- 水蜜桃(黃桃) 200g
- 蜂蜜 100g
- 香草莢 1/4根
- 檸檬皮末 5g

Tip

- 若希望吃到水蜜桃的原味,可以不用材料中的香草莢。

1. 水蜜桃切成小丁。
2. 香草莢剖半,刮下香草籽。
3. 水蜜桃丁與蜂蜜、香草拌勻後,靜置20分鐘入味。
4. 水蜜桃丁倒入鍋中,先用小火加熱煮熟。
5. 轉中火,煮至湯汁變濃稠。
6. 加入檸檬皮末,再煮1分鐘。
7. 用湯匙沾取果醬,再浸入冰塊水中,若果醬不會在水中散開,即表示完成。
8. 果醬煮好後,立即裝入殺菌好的玻璃容器裡。

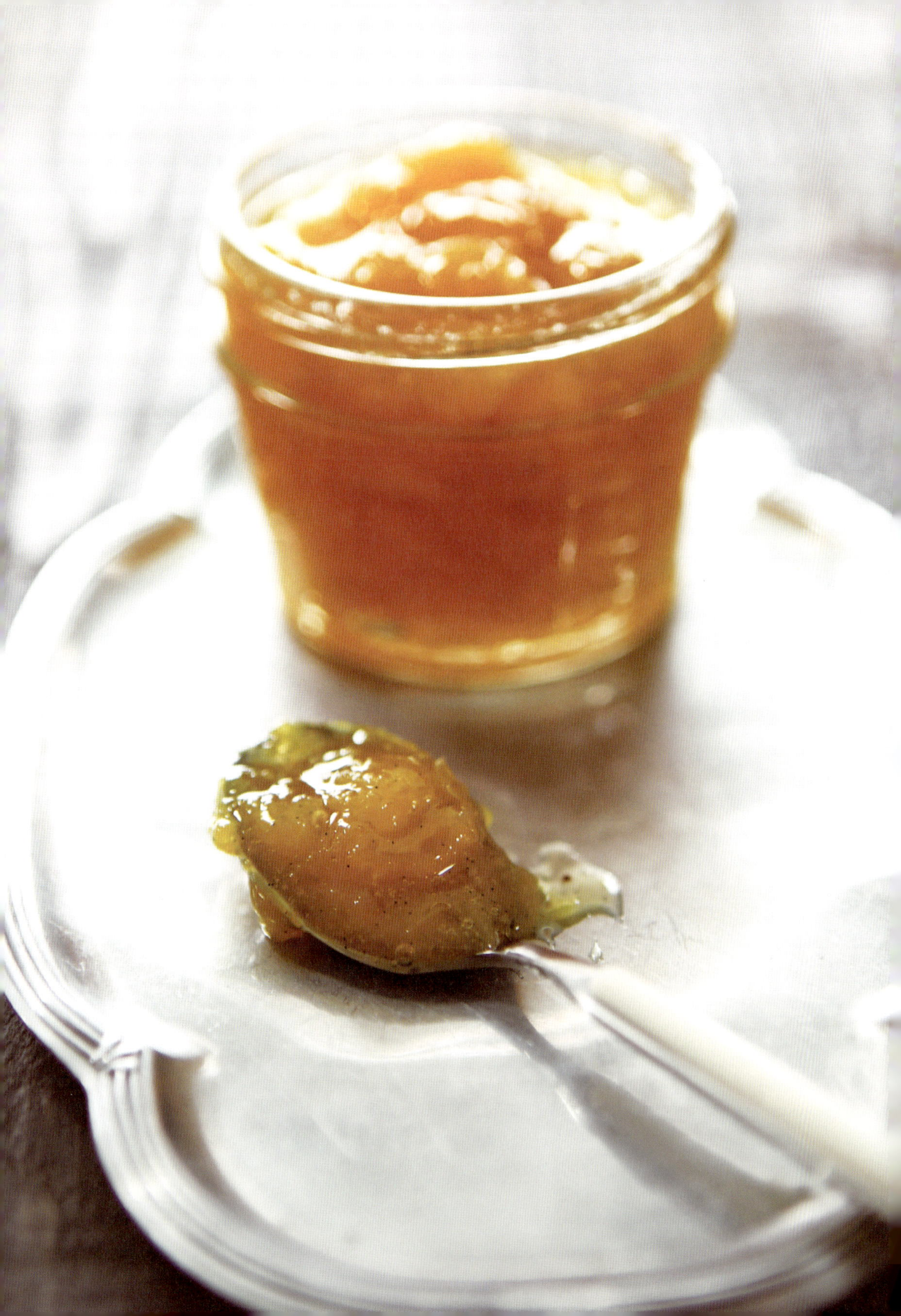

Jam 7-3

濟州漢拏峰橘果醬

濟州漢拏峰橘果醬是我做過所有柑橘類果醬最好吃的一種。
若買到的橘子酸得吃不下去，可以製作成橘子果醬，一定會很美味。

材料

◇ 濟州漢拏峰橘　　3顆
　（果肉560g）
◇ 蜂蜜　　　　　　250g
◇ 濟州漢拏峰橘皮　40g

Tip

・熬煮柑橘類果醬時，要用橡皮刮刀按壓果肉，使果汁盡快釋出，才不容易燒焦。

1　漢拏峰橘用小蘇打水浸泡1天，去除表面的蠟及農藥。

2　剝掉橘皮，果肉切成小塊。

3　橘皮內的白色部分切除後，橘皮切成細丁。

4　銅鍋中放入漢拏峰橘的果肉，用大火煮滾，邊煮邊用橡皮刮刀按壓果肉。

5　果肉軟化後，加入蜂蜜，改用中火熬煮，並持續用橡皮刮刀攪拌。

6　湯汁變濃稠後，加入橘皮細丁，轉小火，繼續煮至橘皮的香氣釋出。

7　用湯匙沾取果醬，再浸入冰塊水中，若果醬不會在水中散開，即表示完成。

8　果醬煮好後，立即裝入殺菌好的玻璃容器裡。

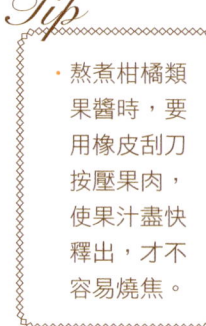

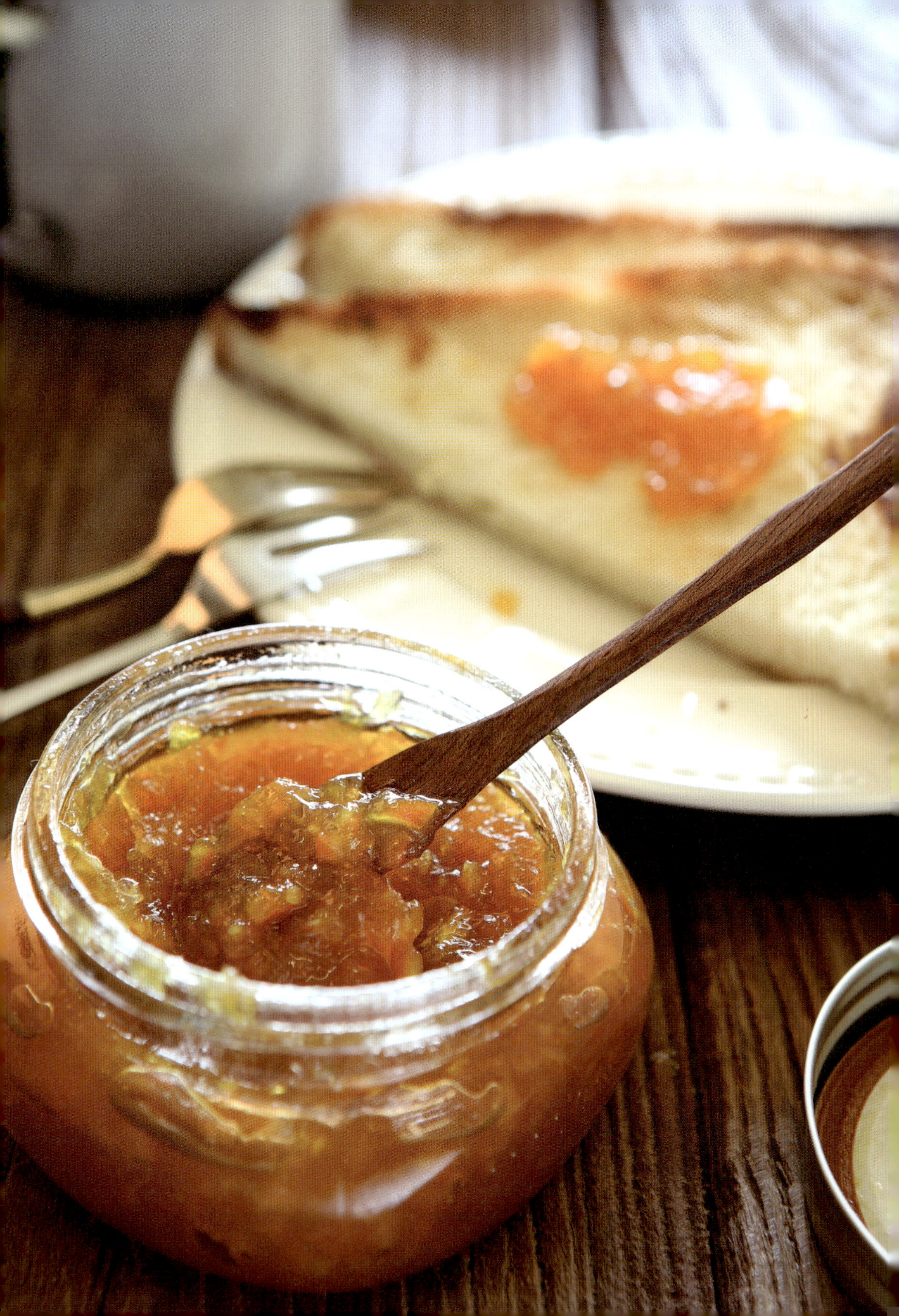

Jam 7-4 蜂蜜漬青橘片

青橘的果皮呈綠色，果肉呈黃色，因為酸味強烈，
不適合直接食用，較常用來加入茶或飲料中調味。
夏天可以加入汽水中，製成青橘汽水；冬天則可以沖泡成青橘茶飲用。

材料

- 青橘　　10顆（450g）
- 蜂蜜　　　　　　300g

1. 青橘用小蘇打水浸泡1天，去除表面的臘及農藥。
2. 青橘表面用清水沖洗乾淨，再用廚房紙巾擦乾。
3. 青橘連皮刨成約3mm厚的薄片。
4. 殺菌好的玻璃容器中，放入一片青橘片和一些蜂蜜，重複此動作，層層疊入。
5. 放入冰箱冷藏，蜜漬2星期。
6. 蜜漬好的青橘片可以加入汽水中，調成冰涼飲料，或是以熱水沖泡成青橘茶。

Tip

- 請放冰箱冷藏，蜜漬2星期後再食用。青橘未經高溫烹煮，不適合長久保存，請盡速先吃掉蜜漬好的青橘片，剩餘的青橘糖液則可以保存較長時間。

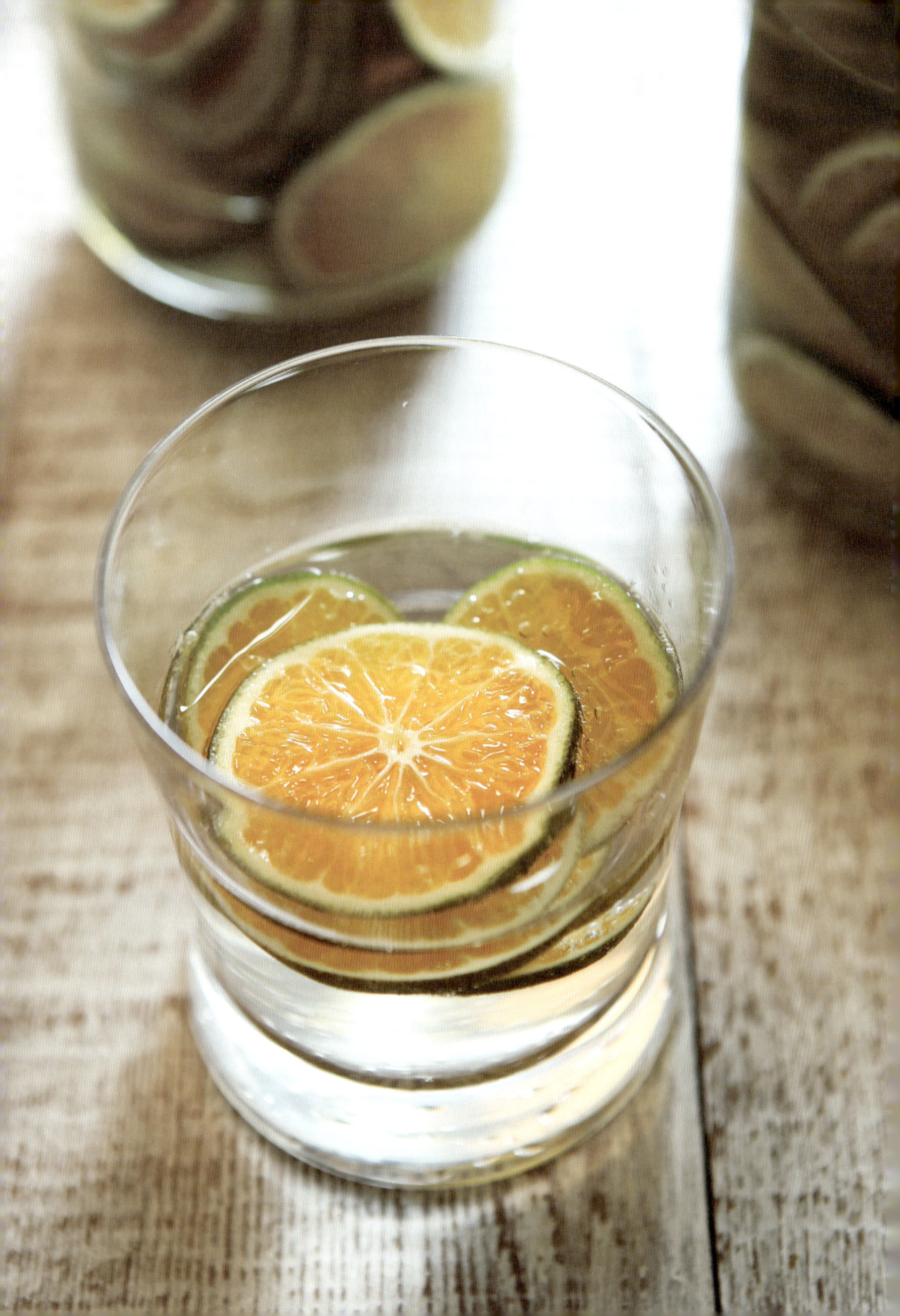

Jam 7-5 紅葡萄柚果醬

若不喜歡柚皮口感，可以只用紅葡萄柚果肉製作果醬。

材料

◇ 紅葡萄柚（果肉520g）	2顆
◇ 檸檬（果肉50g）	1顆
◇ 蜂蜜	320g
◇ 紅葡萄柚果皮絲	50g
◇ 檸檬果皮絲	10g

1. 紅葡萄柚和檸檬用小蘇打水浸泡1天，去除表面的臘及農藥。
2. 用清水沖洗紅葡萄柚和檸檬表面，再用廚房紙巾擦乾。
3. 切除紅葡萄柚皮和檸檬皮，並將果肉切成小塊。
4. 切除果皮內白色部分，只保留有顏色的表層，切成細絲。   
5. 銅鍋中放入紅葡萄柚和檸檬的果肉，用大火煮5分鐘，邊煮邊用橡皮刮刀按壓果肉，擠出果汁。
6. 果肉軟化後，加入蜂蜜及果皮絲，改用中火煮熬煮，並持續用橡皮刮刀攪拌。
7. 持續熬煮至果皮絲顏色變透明。
8. 用湯匙沾取果醬，再浸入冰塊水中，若果醬不會在水中散開，即表示完成。
9. 果醬煮好後，立即裝入殺菌好的玻璃容器裡。

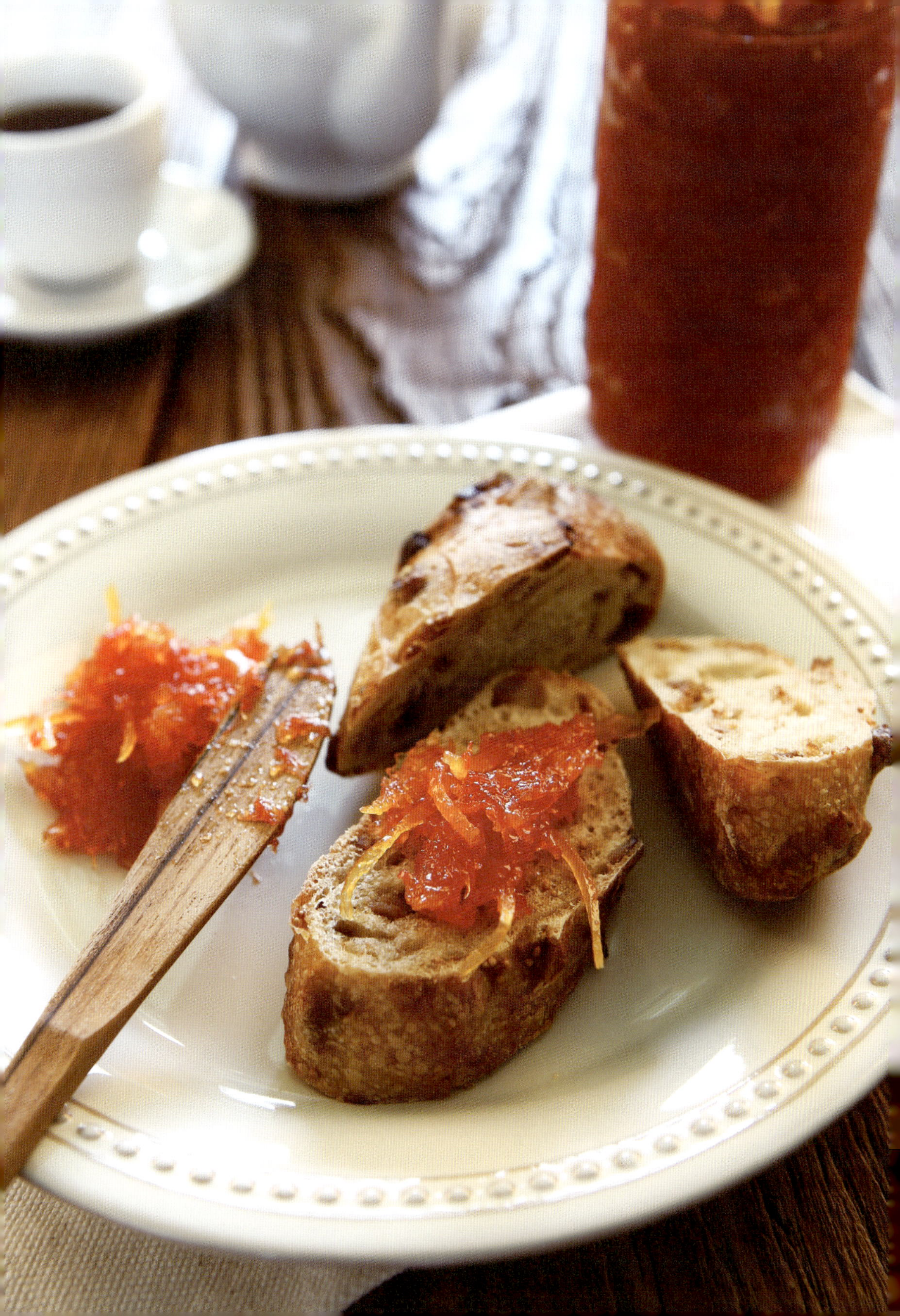

Jam 7-6 紫洋蔥抹醬

紫洋蔥抹醬的用途很廣，製作牛肉三明治時夾入一些紫洋蔥抹醬，
能瞬間升級成餐廳級的美味三明治。與一般洋蔥相比，紫洋蔥水分較少，
口感偏硬，所以煮出來的紫洋蔥抹醬仍可以吃到洋蔥的口感。

材料

◇ 紫洋蔥	250g
◇ 橄欖油	10g
◇ 奶油	5g
◇ 鹽	1g
◇ 砂糖	20g
◇ 巴薩米克醋	10g
◇ 水	少許

1 紫洋蔥切絲。
2 銅鍋內放入橄欖油、奶油，加熱煮至融化。
3 橄欖油燒熱後，加入紫洋蔥絲。
4 用中火，持續攪拌翻炒，以免燒焦，直到洋蔥軟化。
5 加入鹽、糖，繼續翻炒，直到紫洋蔥變成深色。
6 翻炒過程中，若水分不夠，可以適時加一些水，以免燒焦。
7 紫洋蔥炒至焦糖色後，加入巴薩米克醋拌勻。
8 抹醬煮好後，立即裝入殺菌好的玻璃容器裡。

Tip

· 使用非銅鍋的一般鍋子熬煮時，水分蒸發較快，
翻炒時請記得適時加水，以免洋蔥燒焦。

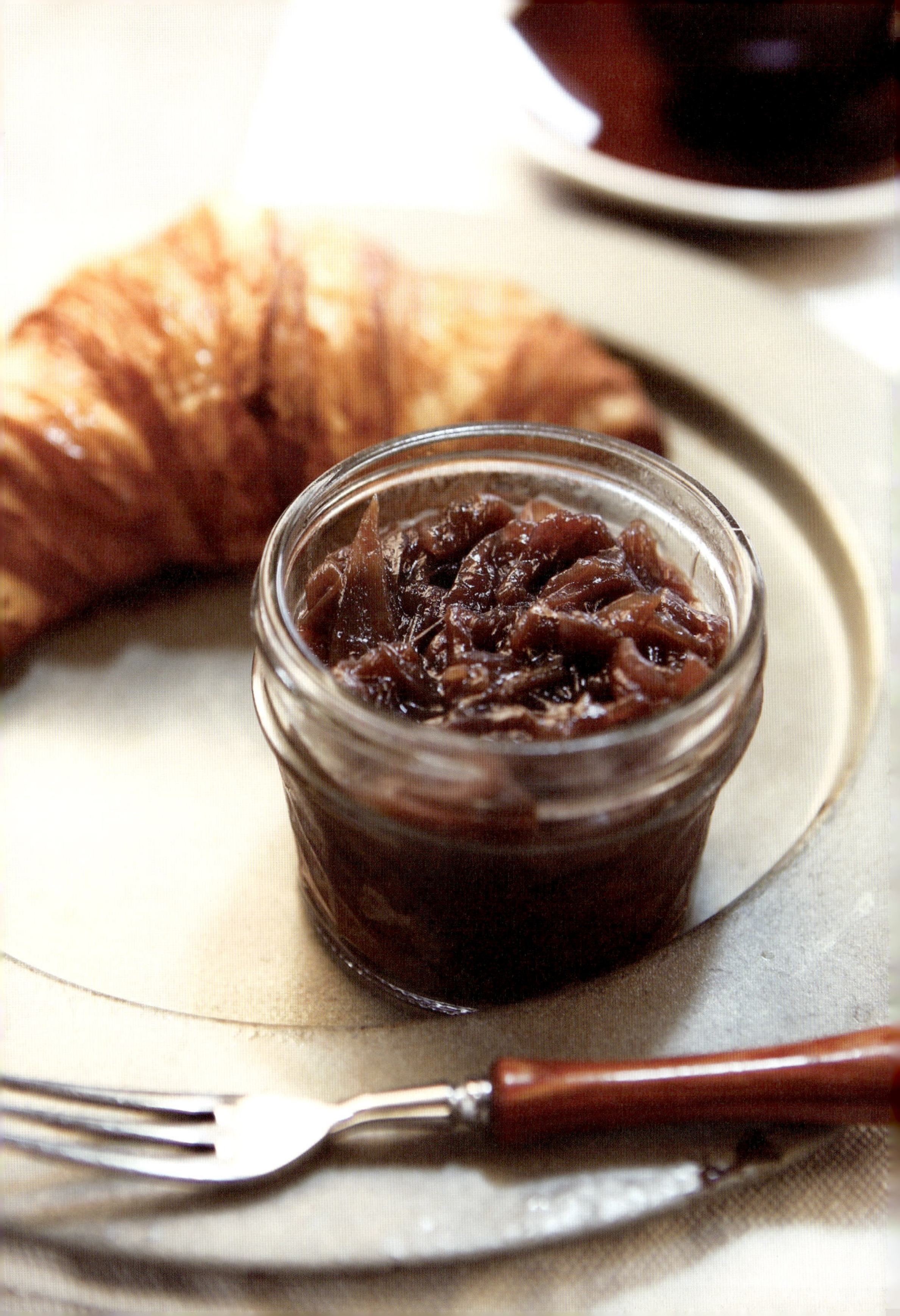

Jam 7-7

花生抹醬

台灣產的花生味道濃郁，口感香酥，
不需要拌炒調味，直接吃就非常美味。

材料

◇ 花生　　150g
◇ 鹽　　　1g

1　花生倒入平底鍋中，加熱炒熟，並炒至上色。

2　花生膜去除。

3　花生膜去除乾淨後，花生倒入調理機中，攪碎5分鐘以上，攪碎至出油。

4　放入鹽，再攪打1分鐘拌勻。

5　花生醬完成後，立即裝入殺菌好的玻璃容器裡。

Tip

- 顆粒較小的花生，焙炒時，很快就會上色，要留意不要炒焦，否則製作完成的花生醬會產生苦味。

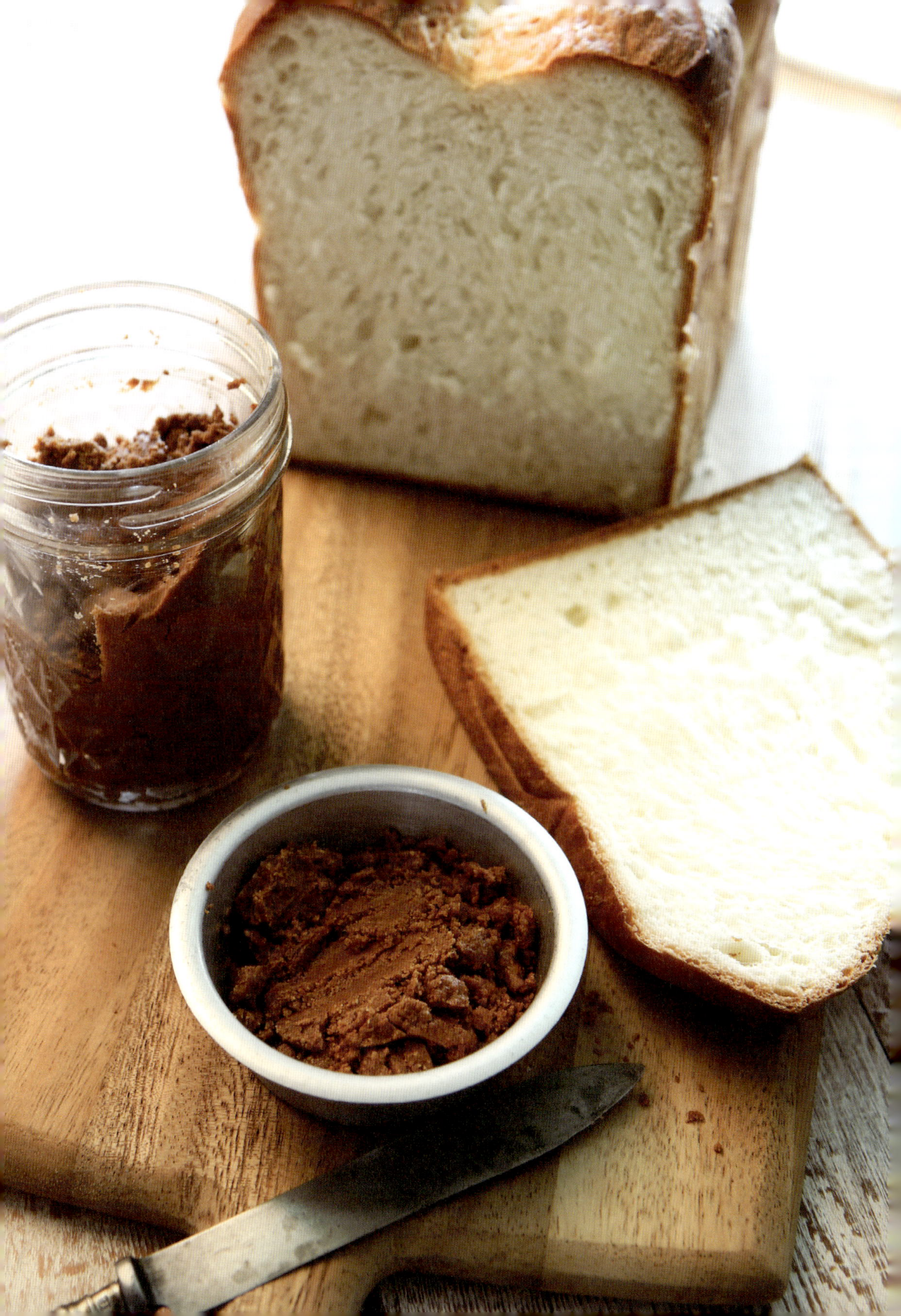

紅茶拿鐵抹醬

Jam 7-8

紅茶拿鐵抹醬其實就是煮成膏狀的紅茶拿鐵。
因為收到朋友送的Mariage Frères的紅茶，使用它來試做紅茶拿鐵抹醬。
Mariage Frères是法國知名百年茶葉品牌，其紅茶香氣淡雅，不會苦澀。

材料

- 牛奶　　　　　　　　400g
- 鮮奶油　　　　　　　200g
- 未精製黑糖　　　　　50g
- Mariage Frères紅茶葉　5g
  （Ceylan O.P.）

1. 銅鍋中放入牛奶、鮮奶油、黑糖，加熱攪拌至砂糖融化。
2. 加入紅茶葉，用大火煮15分鐘。（若覺得茶葉太長可以用手捏碎，再加入。）
3. 轉至中小火，持續煮至湯汁變濃稠。
4. 用橡皮刮刀從鍋子底部將抹醬劃開，若可以清楚看見鍋子底部，即可關火。
5. 抹醬煮好後，立即裝入殺菌好的玻璃容器裡。

Tip

- 使用茶包中的紅茶碎屑，只需使用食譜中的一半份量即可。因為茶包的茶葉較細碎，很快就會釋出味道，若用相同的量，茶味會太濃郁。紅茶拿鐵抹醬放入冰箱冷藏後，會變得比一般果醬更濃稠一些，所以熬煮時，煮至用橡皮刮刀舀起仍會流洩下的狀態即可。

白酒鮮奶酪

Jam 7-9

鮮奶酪（Panna cotta）是義大利的著名甜點之一，原意是「加熱的鮮奶油」。一般的鮮奶酪主要是在鮮奶油中加入蜂蜜或優格，再搭配果醬食用。這道食譜中，我嘗試加入一些白酒，製成特別的白酒鮮奶酪，一起來吃看看吧！

A 白酒鮮奶酪

材料

+ 布丁瓶3個

材料	份量
○ 牛奶	84g
○ 砂糖	28g
○ 冷藏鮮奶油	63g
○ 白酒	63g
○ 吉利丁片	3g

1. 吉利丁片用冰水浸泡10分鐘。
2. 鍋中放入牛奶、砂糖，加熱煮至砂糖融化。
3. 泡軟的吉利丁片擰乾，放入2中，攪拌至融化。

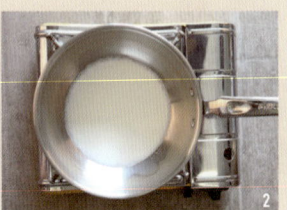

Tip

- 煮好的液體狀鮮奶酪必須用冰水降溫，並持續用橡皮刮刀攪拌，才能做出口感軟嫩的鮮奶酪。若不喜歡白酒，也可以用紅酒替代，製作成紅酒鮮奶酪。

4. 待**3**稍微降溫後，加入冰的鮮奶油及白酒，攪拌均勻。
5. 在**4**的下方用冰塊水隔水降溫，持續攪拌約10分鐘，使液體狀的鮮奶酪變濃稠並降溫。
6. 將**5**倒入布丁瓶中，放入冰箱冷卻3小時，使鮮奶酪凝固。

B 白酒凍

材料

◇ 白酒	30g
◇ 檸檬汁	10g
◇ 砂糖	30g
◇ 吉利丁片	2g

1. 吉利丁片用冰水泡軟；鍋中放入白酒、檸檬汁、砂糖，加熱煮至砂糖完全融化。
2. 將**1**倒入小碗中，加入泡軟的吉利丁片，攪拌至完全融化。

C 完成！

1. 液體狀的白酒凍淋在已凝固的白酒鮮奶酪頂部，放入冰箱，再冷藏2小時，使白酒凍充分凝固。

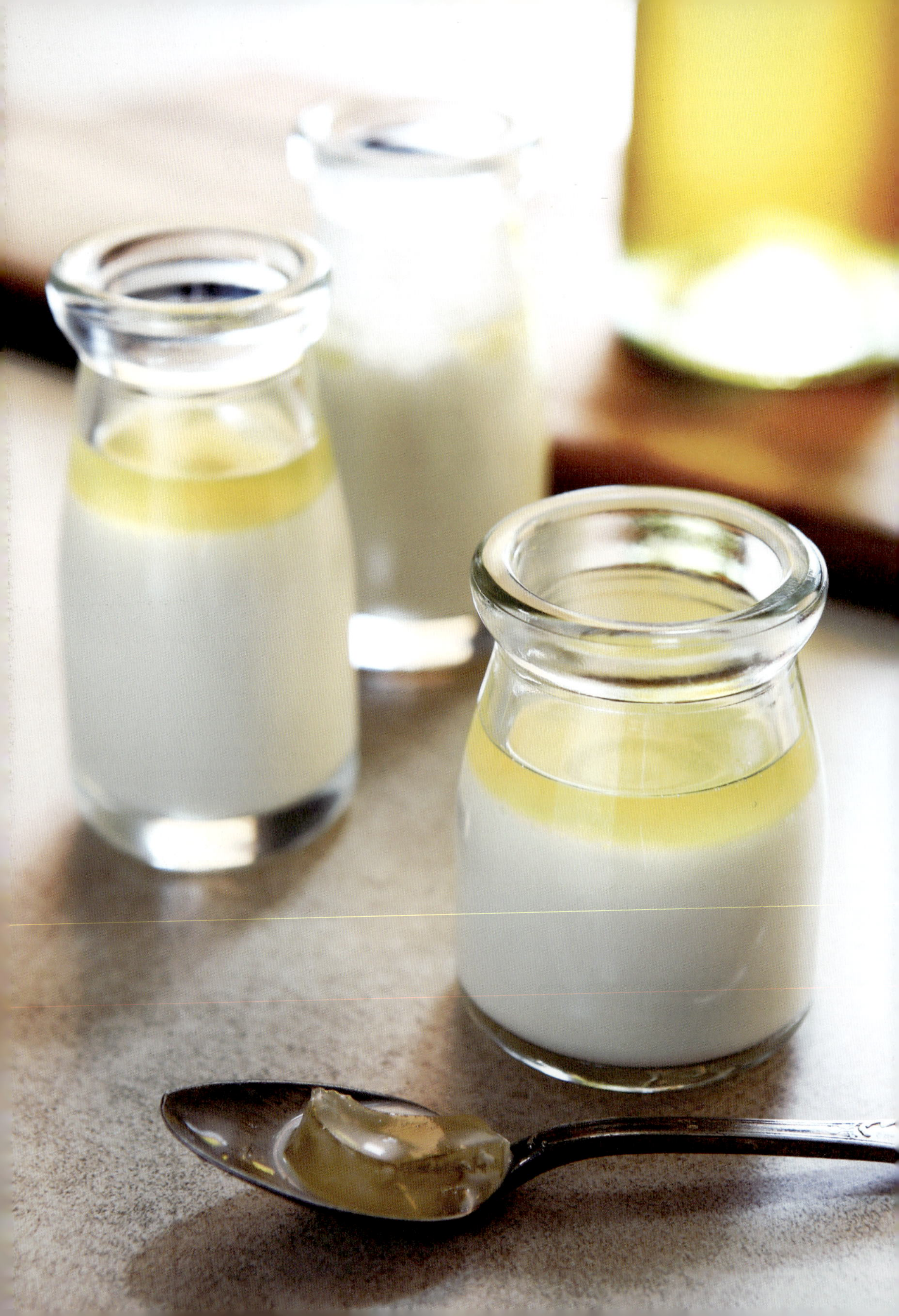